Institut für Nutzpflanzenwissenschaften und Ressourcenschutz

Kosten und Nutzen des Einsatzes von Honigbienen zur Bestäubung von Erdbeeren in Folientunneln

Inaugural-Dissertation

Zur
Erlangen des Grades
Doktor der Agrarwissenschaften
(Dr.agr.)

der
Hohen Landwirtschaftlichen Fakultät
der
Rheinischen Friedrich- Wilhelms-Universität
Zu Bonn

von
Dipl.-Ing. agr. Muhammad Al-Eido

aus
Aleppo (Syrien)

Bibliografische Information der Deutschen Nationalbibliothek
Die Deutsche Nationalbibliothek verzeichnet diese Publikation in der Deutschen Nationalbibliografie; detaillierte bibliografische Daten sind im Internet über http://dnb.d-nb.de abrufbar.
1. Aufl. - Göttingen : Cuvillier, 2011
Zugl.: Bonn, Univ., Diss., 2009

978-3-86955-818-9

Referent:	Prof. Dr. Dieter Wittmann
Korreferent:	Prof. Dr. Marc Janssens
Tag der mündlichen Prüfung:	18.12.2009
Erscheinungsjahr:	2009

Nonnenstieg 8, 37075 Göttingen
Telefon: 0551-54724-0
Telefax: 0551-54724-21
www.cuvillier.de

1. Auflage, 2011
Gedruckt auf säurefreiem Papier

978-3-86955-818-9

Und dein Herr lehrte die Biene: "Baue dir Wohnungen in den Bergen, in den Bäumen und in dem, was sie (dafür) erbauen. 69. Dann iss von allen Früchten und ziehe leichthin auf den Wegen deines Herrn." Aus ihren Leibern kommt ein Trank von unterschiedlicher Farbe, der eine Arznei für die Menschen ist. Darin ist wahrlich ein Zeichen für Menschen, die nachdenken.

Verse 68, 69, Sure 16, Die Biene (an-Nahl), Der Qur'an

Inhaltsverzeichnis

Abbildungsverzeichnis

Tabellenverzeichnis

Abkürzungen

Abb.	Abbildung
dt.	Dezitonne
FB	Flugbienen
g	Gramm
ha	Hektar
kg	Kilogramm
m^2	Quadratmeter
Max	Maximum
Min	Minimum
SD	Standardabweichung
SPSS	Statistical Package for the Social Sciences
Tab.	Tabelle
ZMP	Zentrale Markt- und Preisberichtstelle GmbH
€	Euro

Zusammenfassung

In der jüngsten Zeit werden Erdbeeren in großem Umfang in Folientunneln kultiviert. Die Ziele sind den Ertrag und die Qualität der Früchte zu optimieren und durch die Verfrühung bzw. Verspätung der Erntetermine bessere Preise zu erhalten. Bestimmte Sorten von Erdbeerpflanzen erreichen nur dann einen optimalen Fruchtansatz, wenn sie durch Bienen bestäubt werden.

Ziele

Ziele dieser Arbeit waren: (i) die Bestäubungsleistung der Honigbienen in Folientunneln zu bestimmen, (ii) Maßnahmen zur Steigerung der Effizienz der Bestäubung zu entwickeln, (iii) innovative Betriebsabläufe zu erproben, die es dem Imker ermöglicht, neben der Produktion von Honig eine Bestäubungsimkerei kostengünstig integrieren kann.

Methoden

Für die Untersuchungen wurden im ersten Jahr (2003) jeweils 3 Honigbienenvölker mit drei unterschiedlichen Populationsgrößen (ca. 15-20 Tausend, 10-15 Tausend und 5 bis 10 Tausend Bienen) eingesetzt. Im zweiten Jahr wurden gleich große Völker (je ca. 22Tausend Bienen) für eine (Gruppe A), zwei (Gruppe B) und vier Wochen (Gruppe C) zur Bestäubung von Erdbeeren in Folientunneln eingestellt. In den Untersuchungen in 2006 wurden die Völker (ca. 25000 Bienen) mit und ohne Flugbienen in den Folientunneln jeweils für 2 Wochen eingesetzt. Die Kontrollvölker standen im Waldgebiet. Die Entwicklung der Völker und ihre Honigernte wurden vom Frühjahr bis zum Herbst gemessen.

Ergebnisse

Verlust der Bienen beim Bestäubungseinsatz

Da die Erdbeerblüten keinen Nektar produzierten, verzehrten die Bienen ihre Honigvorräte, mit der Folge, dass die Völker pro Woche. ca. 10 % ihres Gewichtes verloren. Im Gegensatz dazu nahm das Gewicht der Kontrollvölker stets zu.

In den Unterszuchungen von 2003 zeigte es sich, dass die großen Völker den höchsten Verlust an Bienen hatten (9380 Individuen, 61%). Die kleinen Völker verloren im Mittel 2459 Bienen (41 %). Im Jahr 2004 haben wir herausgefunden: je länger die Bienen sich in den Folientunneln aufhalten mussten, umso größer war der Schwund an Bienen. Bei den Völkern, die eine Woche eingesetzt wurden, lag der Verlust bei 5935 Bienen/Volk (34%) und bei den Völkern, die vier Wochen im Einsatz waren, bei 12722 (67%). Bei den Völkern, die entweder mit oder ohne Flugbienen in die Folientunnel eingestellt wurden, war kein Unterschied im Verlust an Bienen zu beobachten (Untersuchungen von 2006).

Honigernte

Der durchschnittliche Honigertrag lag bei der Kontrollvölkern bei 33,9 kg/Volk. Die Völker der Gruppe A hatten im Mittel 19,4 kg, die der Gruppe B 15,2 kg/Volk und die der Gruppe C nur 3,6 kg/Volk. Durch die geringe Honigernte, die die Völker nach dem Einsatz eintrugen, entstanden Verluste bei den Gruppen A, B, und C 38 €, 58 € und 100 € pro Volk.

Kosten der Bestäubung

Die Kosten des Verlustes an Bienen beim Einsatz in den Folientunneln lagen bei den Völkern, die 1 und 2 Wochen bestäubten bei 40 € pro Volk und Woche. Diejenigen Völker, die 4 Wochen im Einsatz verursachten Verluste von 29 € je Volk und Woche. Die Kosten des Verlustes der Bienen beim Einsatz von Völkern, die mit oder ohne Flugbienen eingestellt wurden waren in beiden Fällen gleich hoch. Jedoch entstanden weitere Kosten (47 €) durch die Vorbereitung der Völkern, bei denen vor dem Einsatz die Flugbienen entfernt wurden. Die Kosten der Vorbereitung der Völker mit Flugbienen lag bei 17 €.

Leistung der Bestäubung

Der Einsatz von Honigbienen zur Bestäubung von Erdbeeren führte zur Erhöhung der Erdbeerertrag um 18% im Vergleich zur Kontrolle, und zur Reduzierung des Anteils der missgebildeten Früchte von 28 % (bei der Kontrolle) auf 17,5 %. Gleiche Ergebnisse wurden beim Einsatz von Hummeln erzielt.

Die Bestäubungsleistung eines Bienenvolks in der Erdbeerplantage beträgt ca. 187 €. Der Bestäubungsimker bekommt aber vom Obstbauer als Bestäubungsprämien beim Einstellen der Völker in den Folientunneln nur 50 € pro Volk und Woche (Vereinigung der Bestäubungsimker in Deutschland e.V.). Das entspricht nicht der Bestäubungsleistung des Bienenvolks und deckt nicht die Betreuungskosten.

Empfehlungen

Bei guter Führung der Völker während und nach dem Bestäubungseinsatz kann noch eine gute Honigernte erzielt werden. Zur nachhaltigen Nutzung der Bestäuber sollten die Bienenvölker nach ihrem Einsatz bei einem guten imkerlichen Management wieder zur Bestäubung eingestellt werden.

Beim Einsatz der Honigbienen zur Bestäubung von Kulturpflanzen in Folientunneln empfehlen wir mittelgröße Völker (bis 20Tausend Individuen) für 2 Wochen und mit Flugbienen einzusetzen.

Abstract

Foraging under confined conditions (e.g. greenhouse) brings along its own set of difficulties. One of the most common problems is foragers gathering "trapping"; a large portion of the bees are trapped at a greenhouse ceiling, especially during the first few days after the introduction of the hive. For the colony, these bees are considered as a loss; if they manage to escape from the enclosure they will not come back. Furthermore, if they will not be able to escape, they often die of exhaustion and/or overheating.

The main objective of the work of this thesis is to determine the effectiveness of different management strategies which tries to improve the efficacy of honey bees as pollinators of strawberry in polytunnels.

This experiment was conducted in a commercial farm near Bonn, during the growing seasons 2003, 2004 and 2006. The honey bee hives were introduced in a closed, unheated polytunnel to pollinate Strawberry cvs "Elsanta".

Three Groups of honey bee hives (*Apis mellifera* L.) were employed during the four flowering weeks in April and Mai. In year 2003, the groups had a different population size (15-20 thousand, 10-15 thousand and 5-10 thousand). In the growing season 2004, three groups with equal population (ca. 22 thousand) were kept within plastic houses for one week (Group A), two weeks (Group B) and four weeks (Group C) respectively. In year 2006, we introduced the honey bee groups with and without forager. In addition to all the colonies of pollination, controlled colonies were kept in the forest. We assessed the population size every three weeks during and after the pollination time.

According to the observations in the experiment of 2003, it was found that the relatively large colonies had the highest loss of bees (61%), while the small colonies provided the least loss of bees (41%).

For the 2004 experiment, the longer the bees have been kept in the polytunnel , the greater the loss of bees. Group A lost around 34% of its population and produced 19,4kg of honey. While Group C lost around 67% of its population and yielded 3,6 kg of honey. Controlled bee hives, which had remained at the forest, produced 33,9 kg of honey during the same period.

In the 2006 experiment, we had not observed any significant differences in loss of bees between forager and no-forager colonies.

The cost of the loss of honey bees in the experiment of 2004 was around 40 € for Group A and Group B per week for every colony and 29 € for colonies in Group C. Although Group C was the best from the economical point of view, its pollination performance was the lowest due to the fact that they had fewer foragers after two weeks. As noticed the cost of Group A and Group B were equal. Meanwhile, Group B still had the advantage that their flight activity was constant.

A positive observation of introducing honey bees into greenhouse was that deformed fruits have decreased and crops have been improved. The use of honey bees for pollination of strawberries resulted in increase of the strawberry yield by 18% compared to control, and reduced the percentage of malformed fruits of 28% (in control) to 17.5%. Similar results were obtained with the use of bumblebees.

In conclusion, honey bees provide a viable supplement for bumble bees to pollinate greenhouse strawberry. With a good management of beekeeping during and after the pollination, an acceptable honey yield can be achieved. After pollination, the honey bee colonies can be returned to the field to build up populations for the next season. In general, we recommend using a medium-size population (up to 20,000 individuals) for two weeks and with foragers in order to utilize the pollination of crops in plastic tunnels using honey bees.

1 Einleitung

1.1 Erdbeeren

1.1.1 Wirtschaftliche Bedeutung der Erdbeere

Rot, süß und außerordentlich aromatisch – das sind die Eigenschaften, die die Erdbeerfrüchte bei Verbrauchern weltweit so beliebt machen. Zudem ist die Erdbeere reich an Vitaminen - ihr Vitamin C-Gehalt schlägt sogar den der Zitrone - reich an Mangan und Kalium, und besitzt mit 32 kcal pro 100 g einen äußerst geringen Brennwert. Neben dem Frischverzehr findet die Frucht vor allem bei der Herstellung von Süßspeisen und Desserts Verwendung.

Nach Äpfeln waren Erdbeeren das Obst mit der zweigrößten Anbaufläche in Deutschland im Jahr 2005.

Der Verbrauch von frischen Erdbeeren steigt in Deutschland zurzeit stetig an (ZMP 2008; Statistisches Bundesamt Deutschland 2009). Der derzeitige Verbrauch von frischen Erdbeeren liegt bei 2,4 kg/Kopf/Jahr (ZMP, 2009) und ist damit beispielsweise nur halb so hoch wie der vergleichbare Wert in Finnland (Blanke und Giebel 2000).

Daraus kann ein hohes zukünftiges Vermarktungspotential von Erdbeeren abgeleitet werden. Der stetig steigenden Nachfrage vermag die heimische Produktion besonderes im zeitigen Frühjahr (April) sowie im Herbst (September bis Dezember) nicht nachzukommen, obwohl gerade in dieser Zeit wesentlich höhere Erzeugerpreise erzielt werden können (zum Vergleich: Nebensaison: 368,- €/dt. bis 450,- €/dt.; Hauptsaison 230,- €/dt. bis 270 €/dt., ZMP 2009). Um in diesen Zeiten hoher Preise den Erdbeermarkt beliefern zu können, ist eine entsprechende Verlängerung der Vegetationsperiode unabdingbar. Außerhalb der Freilandsaison, mit ihrer diversen Möglichkeit der Verfrühung und Verspätung in der Marktbelieferung mit Erdbeeren (BAL, 1990), wird von einigen Betrieben der Anbau in Folien- oder Hochglasgewächshäusern betrieben.

Die Anbauflächen von Freilanderdbeeren schwanken in Deutschland zwischen 9887 ha und 14094 ha. Im geschützten Anbau erhöhte sich die Anbaufläche von 118 ha im Jahr 2005 auf 197 ha im Jahr 2008 (Statistisches Bundesamt Deutschland 2009).

1.1.2 Herkunft

Die Erdbeere gehört zur Familie der Rosengewächse (Rosaceae) und ist botanisch gesehen eine Sammelnussfrucht und keine Beere, wie es der Name vermuten lässt. Mit der Kultivierung von Walderdbeeren, *Fragaria vesca* (diploide 2n = 2x = 14), wurde vor ca. 2000 Jahren begonnen. Vermutlich ist die einfache Zugänglichkeit neben der leichten Verderblichkeit der Walderdbeeren ein Grund für den späten Beginn des kultivierten Anbaus. Erst im Mittelalter wurde damit begonnen Wald- und Zimterdbeeren *F. moschata* (hexaploid 2n =6x = 42) in europäischen Gärten anzubauen (Staudt, 1961; Hancock, 1999). Ein wichtiger Einschnitt war die Entdeckung der „neuen Welt", durch die eine ganze Reihe an neuartigen Pflanzen nach Europa gebracht wurde. Unter ihnen befand sich auch die amerikanische Erdbeere *F. virginiana* (Scharlach-Erdbeere, octaploid, 2n = 8x = 56). Diese wurde besonders aufgrund ihrer größeren Früchte, deren scharlachroten Färbung und Robustheit den Walderdbeeren, die bis heute nur fingernagelgroß wachsen, vorgezogen. Der eigentliche Durchbruch im kommerziellen Anbau gelang durch die Kreuzung der amerikanischen mit der sehr großfruchtigen chilenischen Erdbeere *F. chiloensis* (octaploid, 2n = 8x = 56). So entstand in der Mitte des 18. Jahrhunderts aus den Blüten der Chile-Erdbeere, die mit Pollen der amerikanischen Scharlacherdbeere bestäubt worden war, die oktaploide Hybridform der *F. ananassa* (STAUDT, 1961; HANCOCK, 1999). Diese Art vereinigt mit ihren großen, roten und robusten Früchten die positiven Eigenschaften der Eltern und bestimmt bis heute den Markt.

1.1.3 Botanische Sicht

Die krautige Erdbeerpflanze ist mehrjährig und besitzt einen zentralen Vegetationskegel aus dem Blätter, Wurzeln und Blütenstände hervorgehen. Der

Vegetationskegel besteht aus einem Zentralzylinder, umgeben von einem Leitbündelring. Der Zentralzylinder besteht überwiegend aus Mark, mit einer dünnen Schicht Kambium, das das Mark umgibt. An der Spitze jeden Laubblattes um den Vegetationskegel sitzt eine Achselknospe aus dem oberirdische, horizontal wachsende Ausläufer hervorgehen können. Nach Ausbildung zweier langer Internodien enden diese in einer Tochterrosettenpflanze an dem zweiten Nodium mit sprossbürtigen Wurzeln. Diese kann sogleich wieder Ausläufer als Achselprodukte entwickeln, so dass innerhalb eines Jahres vegetativ eine Vielzahl von Tochterpflanzen entsteht (FRANKE, 1997).

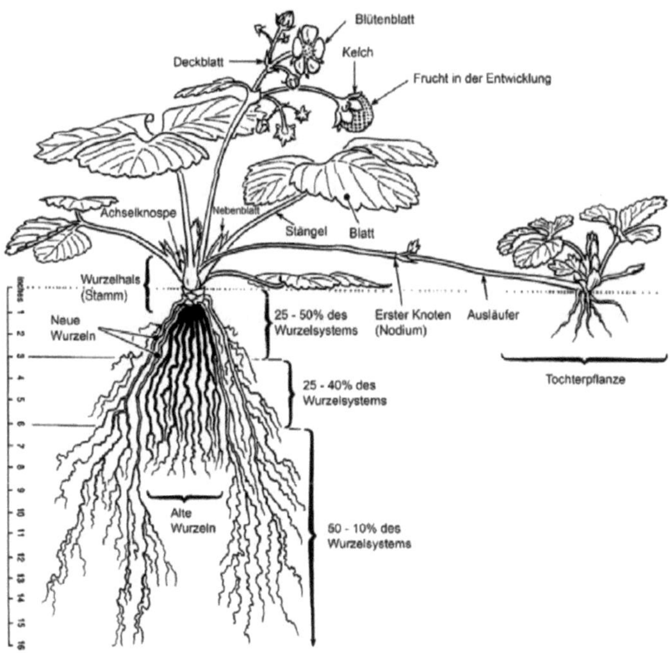

Abbildung 1-A: Eine sich entwickelnde Erdbeerpflanze (Hancock, 1999)

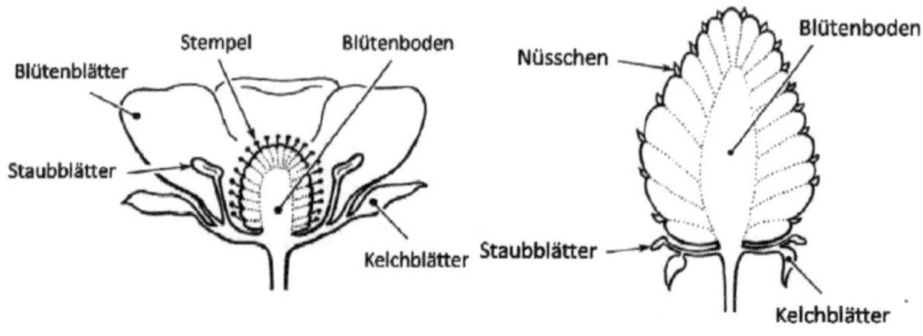

Abbildung 1-B: Eine Erdbeerblüte und Erdbeerfrucht (Hancock, 1999).

Die Blütenstände der Erdbeerpflanze sind eine modifizierte Sprossachse, die mit einer primären Blüte abschließt. Auf die primäre Blüte folgen in der Regel zwei sekundäre, vier tertiäre und acht quartäre Blüten. Eine typische Blüte besitzt zehn Kelchblätter, fünf Blütenblätter, 20 – 30 Staubblätter und zahlreiche Fruchtblätter (HANCOCK, 1999) (Abb. 1-B). Die Blüten der meisten gegenwärtigen kommerziellen Erdbeersorten sind zwittrig und selbstbestäubt. Bei den Erdbeeren kommt Vorweiblichkeit (*Proterogynie*) vor. Bei Vorweiblichkeit ist die Narbe schon einige Zeit vor der Entleerung der Staubbeutel empfängnisbereit. In dieser Zeit kann die Narbe nur von Pollen anderer Blüten bestäubt werden, wodurch sich die Wahrscheinlichkeit für eine Fremdbestäubung erhöht (MCGREGOR, 1976). Nach Ihrer Reifung bleiben die Pollenkörner zunächst in den Pollensäcken bis sich die Blüte öffnet und die Pollensäcke aufreißen (MCGREGOR, 1976; HANCOCK et al., 1996, zitiert durch HANCOCK, 1999)

Die Fruchtblätter entwickeln sich zu kleinen Nüsschen und sind die wahren Früchte der Erdbeere. Diese Nüsschen sitzen nach der Blüte dem stark vergrößerten Blütenboden, dem eigentlich genießbaren Teil der Sammelnussfrucht, auf. Dieser gliedert sich in das weißliche, dem Zentralzylinder entsprechende Mark und die von Anthocyanen rot gefärbte Rinde. Die Nüsschen werden durch Leitbündel mit Nährstoffen versorgt. Die noch vorhandenen Staub- und Kelchblätter umgeben die Sammelnussfrucht am Grunde. Das Wachstum des Blütenbodens wird hauptsächlich durch das Phytohormon Auxin kontrolliert, das wiederum in den Nüsschen biosynthetisiert wird (NITSCH, 1950; ARCHBOLD & DENNIS, 1984; GIVEN 1988; TAFAZOLI 1979) (Abb. 1-B).

1.1.4 Warum Bestäubung ?

Eine wohlgeformte Erdbeerfrucht, wenn nicht durch Krankheit oder Insekten beschädigt, ist von der Anzahl der befruchteten Fruchtblätter und der Art und Weise der Verteilung dieser Fruchtblätter auf den Blütenboden abhängig (MALAGODI-BRAGA 2002). Zur Produktion einer gut geformten Erdbeerfrucht muss der Pollen gleichmäßig zwischen den Fruchtblättern verteilt werden. Bei der spontanen Selbstbestäubung findet keine homogene Streuung der Pollenkörner auf die Narben statt. Daher ist der Anteil der missgebildeten Früchte hoch (LÓPEZ-MEDINA, 2006; MALAGODI-BRAGA, 2004). Der Wind könnte die Pollenkörner direkt auf die Narbe transportieren. Somit könnte die Selbstbestäubung verbessert werden (LÓPEZ-MEDINA, 2006; ZEBROWSKA, 1998; GOODMAN & OLDROYD, 1988). Als biotische Pollenträger dienen in erster Linie Honigbienen, Wildbienen einschließlich Hummeln, Schwebfliegen und andere Insekten (FREE, 1993; DE OLIVEIRA, 1991; CRANE 1990,). CONNOR und MARTIN (1973) fanden heraus, dass die Bestäubung über Insekten die Entwicklung der Achänen von 53% (bei der spontanen Selbstbestäubung) auf 91% erhöht. Ohne Bestäuber ist der Anteil der missgebildeten Früchte sehr hoch (HOFMANN & HAUFE 1973; FREE, 1968).

Zur Ertragsoptimierung und Qualitätssicherung im Erdbeeranbau, insbesondere im geschützten Anbau, sind Erdbeerpflanzen bestimmter Sorten auf Bestäubung angewiesen (AHN et al., 1989; SAKAI & MATSUKA, 1988, zitiert durch CHANG 2001). Um dies zu erreichen, werden bislang folgende Methoden eingesetzt: Mechanische Bestäubung, z.B. durch Gebläse. Dabei wird mit Hilfe einem leeren Sprühgerät ein Luftstrom erzeugt, dadurch könnten die Pollenkörner an die Narben der Erdbeerblüten transportiert werden. Diese Methode muss 2-3 Mal in der Woche angewendet werden (BIGEY et al., 2005; WILKANIEC & RADAJEWSKA, 1997; CONNOR & MARTIN, 1973; ZEBROWSKA 1998; GOODMAN & OLDRAYD, 1988).

In Japan werden zur Bestäubung von Erdbeerkulturen im Gewächshaus die aus Sumatra importierte Stachellose Biene *Trigona minangkabau* (KAKUTANI et al., 1993) und die Brasilianische Stachellose Biene *Nannotrigona testaceicornis* (MAETA et al., 1992 zitiert durch SLAA et al., 2006) eingesetzt. In den Niederlanden wurde die Bestäubungsleistung der Stachellosen Biene *Plebeia tobagoensis* aus Tobago und Westindien unter Gewächshauskonditionen untersucht. Es zeigte sich positiver Einfluss auf die Fruchtqualität der Erdbeeren (ASIKO, 2004 zitiert durch SLAA, 2006). MALAGODI-BRAGA & KLEINERT (2004) fanden heraus, dass Arbeiterinnen von *Tetragonisca angustula* trotz ihrer kleinen Körper effektive Bestäuber für die Erdbeeren im Gewächshaus sind.

In Polen wurde die Solitärbiene *Osmia rufa* zur Bestäubung von Erdbeeren in Folientunneln eingesetzt. Sie hatte einen positiven Einfluss auf das Beerengewicht, und führt zu Produktion von sehr wohlgeformten Früchten (WILKANIEC & RADAJEWSKA, 1997). Ähnliche Ergebnisse hatte PINZAUTI (1993) beim Einsatz von *Osmia cornuta* in Italien gefunden.

Die östliche –asiatische - Honigbien *Apis cerana* wird in Korea zur Bestäubung von Erdbeeren in Gewächshäusern eingesetzt um die Produktion von missgebildeten Früchten zu verhindern (CHEN & HSIEH, 2001; CHANG & LEE, 2001; PARTAP, 2000).

Der Einsatz von Hummeln in Unterglaskulturen stellt mittlerweile einen erheblichen Wirtschaftsfaktor dar (VELTHUIS & VAN DOORN 2004). Zur Bestäubung von Erdbeerkulturen im geschützten Anbau werden, die kommerziell gezüchteten Hummelvölker weltweit eingesetzt (EIJNDE, 1992). Die Hummeln haben die Vorteile, dass sie bei einem Sammelflug mehr Blüten als die Honigbienen besuchen und bei niedrigen Temperaturen fliegen können (FREE 1968). Bei der Bestäubung durch Hummeln ist die Anzahl der missgebildeten Erdbeerfrüchten gering (LÓPEZ-MEDINA, 2006) und die Qualität der Früchte besser (VAISSIÈRE, 2000).

Durch die Hummeln könnten größere Erdbeerfrüchten als durch die Honigbienen produziert werden (RUIJTER, 1997; PAYDAS et al., 2000; ZAITOUN et al, 2006)

Der Einsatz der Honigbienen zur Bestäubung von Erdbeerkulturen sowohl in den Gewächshäusern als auch in den Folientunneln ist weltweit bekannt (SVENSSON, 1991; KAKUTANI et al., 1993; DAG et al., 1994; WILKANIEC & RUSZCZYNSKI, 1994).

Der Einsatz von Honigbienen zur Bestäubung von Erdbeeren führt zu Erhöhung des Fruchtansatzes (ZAITOUN et al., 2006; FREE, 1993), Erhöhung des Fruchtgewichtes (CHAGNON et al., 1989; GOODMAN & OLDROYD, 1988; CONNOR, 1972; MOORE, 1969; FREE 1968; WILKANIEC & MACIEJEWSKA, 1996), Verminderung des Anteils der missgebildeten Früchte (BIGEY et al., 2005; HOFMANN & Haufe, 1995; KAKUTANI et al., 1993; GOODMAN & OLDROYD, 1988, HOUBAERT et al., 1992) und Erhöhung des Erdbeerertrages (ZAITOUN et al., 2006; MOMMERS, 1961; HOUBAERT et al., 1992)

Ökonomische Aspekte der Bestäubung

Bestäuber (Fledermäuse, Vögel, Bienen, Käfer, Schmetterlinge usw.) übernehmen nahezu unschätzbare ökonomische und ökologische Aufgaben für Menschen, Blütenpflanzen und die übrige Natur (CARRECK & WILLIAMS, 2002). Bienen sind hierbei die dominierenden Bestäuber. Bienen aus rund 17.000 bekannten Arten bestäuben viele der rund 250.000 Angiospermen der Erde. 70 bis 90 % der Angiospermen sind auf eine obligatore oder fakultative Bestäubung durch Tiere angewiesen (FONTAINE, 2006).

Die Bestäubung durch Bienen ist häufig der erste Schritt in der Produktion von Gemüse, Früchten und Samen, die schließlich 15 bis 35 % der menschlichen Ernährung ausmachen (GREENLEAF & KREMEN 2006). Weltweit werden 87 der 115 wichtigsten Kulturpflanzenarten durch Insekten bestäubt und rund 35% der jährlichen Welternte hängt vom erfolgreichen Zusammenspiel von Insekt und Pflanze ab (KLEIN et al., 2007; KREMEN et al., 2007). Der gesamte ökonomische Wert der Bestäubung für 2005 wird demnach weltweit auf 153 Milliarden geschätzt. Das entspricht 9,5 Prozent des Wertes der jährlichen Weltagrarproduktion an Lebensmitteln (KLEIN et al., 2007).

Als zentraler Dienstleister wird allgemein die vom Menschen kultivierte Honigbiene angesehen (KEARNS et al., 1998). Schon heute sind einige leicht kultivierbare Wildbienen wie Hummeln aus der modernen Gewächshauskultur nicht mehr wegzudenken (RUIJTER, 1997; VELTHUIS & VAN DOORN 2006). Weitere Studien zeigen, dass die Interaktion von Honigbienen und Wildbienen die Bestäubungsrate bei

Kulturpflanzen sogar verdoppeln kann. Natürliche Wildbienenpopulationen nehmen also über diese Interaktion die bedeutsame Funktion ein, die ökonomischen Folgen des Rückgangs der Honigbienen abzupuffern (GREENLEAF & KREMEN, 2006)

Der Wert der Bestäubung durch die Honigbienen *Apis mellifera*, wird in den USA allein auf 5–14 Billionen $ im Jahr geschätzt (SOUTHWICK & SOUTHWICK, 1992; MORSE & CALDERONE, 2000).

Die Bestäuber und deren nachhaltiger Einsatz

Weltweit ist ein dramatischer Rückgang der Bestäuber zu verzeichnen, der unter der Bezeichnung „Bestäuberkrise“ bzw. „Pollinator crisis“ bereits ein weite Öffentlichkeit gefunden hat (ALLEN-WARDELL et al., 1998). Diese Entwicklung betrifft nahezu alle Tiergruppen, die an der Bestäubung von Pflanzen beteiligt sind. Für die europäische Landwirtschaft ist jedoch die auffällige Abnahme von Wildbienen (CARRECK 2002; BIESMEIJER et al., 2006) und der kultivierten Honigbiene (FUCHS & MÜLLER, 2004) besonders dramatisch.

Die Schäden, die durch das Fehlen von bestäubenden Insekten entstehen würden, werden auf 190 bis 310 Milliarden Euro pro Jahr geschätzt (KLEIN et al., 2007).

Unter den Wildbienen trifft der Rückgang in erster Linie spezialisierte Arten (BIESMEIJER et al., 2006) und die für die Bestäubung attraktiven Hummeln (MÄND et al., 2002). Wie dramatisch die Entwicklung ist, zeigt die Tatsache, dass seit 1951 in Europa vier Hummelarten ausgestorben sind und mittlerweile 80% der Arten in mindestens einem Land auf der Roten Liste geführt werden (KOSIOR et al., 2007). Die Lage ist bei den vielen unauffälligeren und unbekannteren Wildbienen noch wesentlich bedrohlicher.

Auch die Honigbiene (*Apis mellifera*) ist von dieser Entwicklung betroffen (Kremen et al., 2002). Der weltweite Rückgang, der in den USA im Jahr 2007 in einem der größten Massensterben gipfelte (Cox-Foster et al., 2007), ist auch in Europa spürbar. Alleine in Österreich ist die Anzahl der Bienenvölker im Zeitraum von 1993 bis 2003 um 200.000 Völker zurückgegangen (Fuchs & Müller 2004). Die Bestände der

Honigbiene in Deutschland haben sich vergleichbar entwickelt. In der Zeit von 1990 bis 2000 sank die Zahl der Bienenvölker auf nahezu die Hälfte.

Die Gründe für den Rückgang der Bienen sind vielfältig. Als Hauptursachen lassen sich in erster Linie der Verlust von Lebensräumen (WESTRICH 1989) und Landschaftsveränderungen, wie Fragmentierung und eine Intensivierung und Änderung der Landwirtschaft ausmachen (KEARNS et al., 1998; CARVELL et al., 2004).

Der kommerzielle Einsatz der Hummeln zur Bestäubung von Kulturpflanzen ist aber unter Nachhaltigkeitsaspekten fragwürdig, da die Völker nach ihrem Bestäubungseinsatz keinerlei Weiterverwendung zugeführt werden und entsorgt werden. Ökologisch bedenklich ist auch, dass die Herkunft der Erdhummel fast immer außerhalb der zu bestäubenden Region liegt. Das bedeutet, dass die Tiere von einem Produzenten ohne Herkunftsnachweise der Stammeltern geliefert werden (HAVENITH, 2000). Da zu Beginn der kommerziellen Hummelzucht mehrere tausend Jungköniginnen der Erdhummel *Bombus terrestris* aus den verschiedensten europäischen Herkunftsländern eingefangen, gezüchtet und weltweit eingesetzt wurden, kam es zu einer Verbreitung standortfremder Rassen. Die dortigen Populationen stellen eigene Unterarten mit einer genetisch anderen Ausstattung dar. Es handelt sich beispielsweise um Königinnen aus Portugal oder Spanien *B. t. ferrugineus*. Besonders *B. terrestris dalmatinus*, in der Türkei und Griechenland beheimatet, zeichnete sich durch seine ausgezeichneten Zuchteigenschaften aus und wird bis heute bevorzugt produziert und verbreitet. Problematisch erscheint es auch, dass Jungköniginnen und Drohnen aus diesen kommerziellen Völkern in das Umfeld ihres Einsatzortes entweichen können und dort in Konkurrenz zu den natürlich vorkommenden Hummelpopulationen treten (GOULSON et al., 2002). Auch ist es möglich, dass sich die Geschlechtstiere der kommerziellen Völker mit denen der nativen Völker verpaaren und Hybriden bilden (DE JONGHE 1986; WIDMER et al., 1998). INGS und Mitarbeiter (2006) verglichen kommerziell gezüchtete mit natürlich vorkommenden *B. terrestris* Völkern. Sie zeigten, dass die kommerziell gezüchteten Hummelvölker in der Sammelleistung (INGS et al., 2005), der Produktion an Jungköniginnen und deren Überlebensrate die nativen Völker übertreffen. Es besteht zusätzlich die Gefahr, dass standortfremde Parasiten eingeschleppt werden (GOKA et al., 2001, 2006).

Ein weiterer Nachteil des Einsatzes der Hummeln zur Bestäubung von Erdbeerkulturen im geschützten Anbau ist das sogenannte „over visiting". Das geschieht wenn das Pollenangebot gering ist. Die Hummel versucht so viel Pollen wie möglich zu sammeln. Dafür hängt sie sich an die Erdbeerblüten und beginnt mit ihr Flügelmuskulatur zu vibrieren ohne dabei die Flügel zu schlagen. Diese Pollensammeltechnik nennt man „Buzzing". Das Buzzing könnte bei Erdbeerblüten die Narbe schädigen, was letztendlich zur Produktion von missgebildeten Früchten führt (BIGEY, 2005).

Problematisch ist, dass unter Gewächshauskonditionen viele Sammlerinnen sterben und so die Honigbienenvölker zusammenbrechen (KATAYAMA; 1987, WILKANIEC & MACIEJEWSKA, 1996).

Die Gründe für den Bienenverlust könnten wie folgt sein:

1. **Entweichen der Bienen**: Bienen entweichen aus Gewächshäusern und aus Folientunneln durch Lüftungsklappen entweder beim ersten Orientierungsflug oder bei der Futtersuche außerhalb des Gewächshauses. Beim Versuch wieder ins Volk zurück zu finden sind sie vermutlich nicht in der Lage, durch die „richtige" Klappe wieder einzufliegen (VAN DOORN, 2006).

2. **Landmarken:** Mangelnde bzw. wiederholt gleiche Landmarken können zum Verfliegen und zur Orientierungsschwierigkeiten führen. Auf dem Weg vom Volk zu einem Ziel nützen Bienen auffällige Landmarken zur Orientierung (VON FRISCH, 1965; SOUTHWICK & BUCHMANN, 1995). Bei den Erdbeeren in den Folientunneln ist das Erscheinungsbild der Landschaft eher gleichförmig. Beim Sammelflug sehen die Bienen unten ein homogenes Bild der Erdbeerpflanzen und viele repetitive Metallstangen des Folientunnels. Die Bienen haben daher keine Möglichkeit, sich an einer Landmarke zu orientieren.

3. **Ungünstige Lichtverhältnisse:**
    a. Fehlende Komponenten im UV (MORANDIN et al., 2001) Bienen benötigen die UV-Strahlung für Ihre Orientierung (VON FRISCH, 1965). Gewächs- und Folienhäuser werden von verschiedenen Bedachungsmaterialen abgedeckt, z.B Polyvinylchlorid (PVC), Polycarbonate (PC) und Polyethylene (PE). Die Transmissionseigenschaften der verschiedenen Bedachungsmaterialen bezüglich ihrer UV-Durchlässigkeit sind unterschiedlich. Die Insekten sind unter UV-Mangel Konditionen wenig aktiv (MORANDIN et al., 2001; PEITSCH et al., 1992).
    b. Mangelnde Informationen aus polarisiertem Licht. Bei völlig bedecktem Himmel sind die Bienen desorientiert. Ist eine Himmelstelle unter solchen Umständen auffällig heller als die Umgebung, so kann sie von den Bienen_als Ersatz_für die Sonne als Bezugspunkt angenommen werden (Ersatz für den Sonnenkompass). Die Bienen können die Schwingungsrichtungen des polarisierten Blauen Himmelslichtes nur im Ultraviolettbereich wahrnehmen (VON FRISCH, 1965). Unter Folientunneln sind die UV-Lichtverhältnisse ungünstig für die Wahrnehmung des Polarisierten Lichts, so dass die Bienen sich bei bedecktem Wetter nicht nach dem Sonnenort orientieren können und sich verfliegen.

4. **„Trapping“ Effekt**: Beim Sammelflug fliegen die Bienen bis zu 6 km entfernt vom Volk, und sie fliegen in Höhen von mehreren Metern (VISSCHER & SEELEY, 1982; SEELEY, 1985). Aufgrund dieses Verhaltens sammeln sich viele Flugbienen am Dach von Gewächshäusern, wo sie regelrecht in der Falle sitzen und sterben (KATAYAMA 1987 zitiert durch KAKUTANI,1993).
5. **Eiablage der Königinnen:** Beim Einstellen von Honigbienen in den Folientunneln oder in den Gewächshäusern stellen die Königinnen zeitweise die Eiablage ab. Dies führt zur Verzögerung der Entwicklung der Honigbienenvölker (HAMM et al., 2007; SABAARA & WINSTON, 2003).

6. **Pflanzenschutz:** zur Bekämpfung von Blattläusen und andere Krankheitserreger werden normalerweise nur bienenungefährliche Mittel angewendet. Bei der Applikation müssen die Bienen für mindestens 24 Stunden im Volk eingesperrt, was bei höhen Temperaturen zum Tod von Vielen Bienen führt.

Die Honigbienen und die Bestäubungsimkerei in Deutschland

Die Anzahl der Veröffentlichungen zu Honigbienen ist groß und ihre Bedeutung für die Bestäubung unserer Obstarten ist unbestritten. Seit dem 18. Jahrhundert ist der Bestäubungsnutzen der Bienen bekannt (PRITSCH, 2003) und in zahlreichen Untersuchungen, Versuchen und in der Praxis belegt.

In Deutschland erfolgte die Bestäubung der Obstkulturen weitgehend durch Honigbienen auf der Grundlage vertraglich vereinbarter Dienstleistungen mit Imkern. Im Jahre 1940 erfolgte die erstmalige Zahlung einer Bestäubungsprämie in Höhe von 5 RM/Volk (HAUSSCHILD 2003). Der Einsatz von Honigbienen in den Obstanlagen hat sich seit der Zeit der Wende etwa halbiert. Darüber hinaus ist festzustellen, dass eine nicht geringe Zahl Obstbauern keine Bestäubungsverträge mit Imkern schließt und sich auf die natürliche Weise vorhandenen Wildinsekten stützt bzw. von Honigbienen in der Nachbarschaft profitiert. Dies allein mit dem Umstand sinkender Imkerzahlen zu begründen wäre m.E. nicht ausreichend.

Gleichwohl ist der Trend des Rückgangs der Imkerzahlen berechtigter Anlass zum Nachdenken sowohl über alternative Bestäubungsmöglichkeiten im Erwerbsobstbau aber auch über eine Förderung des Berufsstandes durch verschiedene geeignete Maßnahmen. Nach der Wiedervereinigung 1991 gab es in Deutschland rd. 110.000 Imker mit 1,2 Mio. Bienenvölkern, seitdem ist ein Rückgang der Imkerzahl um mehr als 20 % und der Völker um 31 % zu verzeichnen (Deutscher Imkerbund D.I.B) (Abb. 2). Die Gründe hierfür sind vor allem die Varroa-Milbe *Varroa jacobsoni* und der überwiegenden Nebenerwerbs- und Hobbycharakter der Imkerei und die massiven Nachwuchsproblemen.

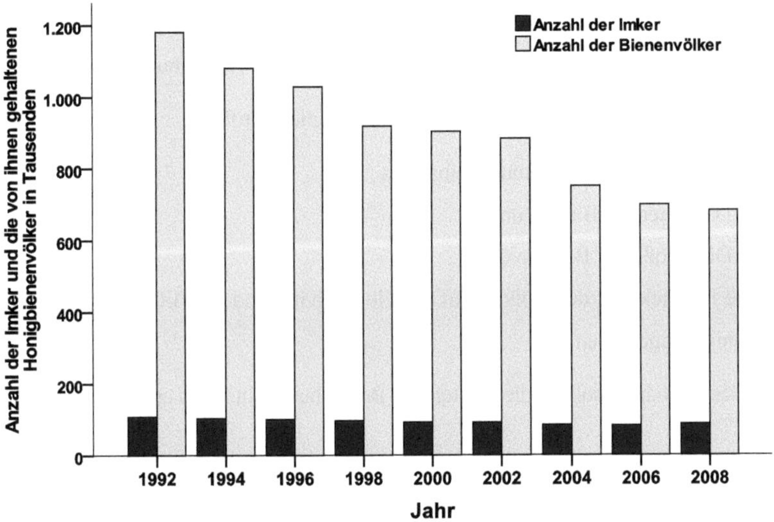

Abbildung 2: Anzahl der Imker und die von ihnen gehaltenen Bienenvölker zwischen 1992 und 2008.

Seit wenigen Jahren werden aber auch in Deutschland Bestäubungsimker ausgebildet, die sich zusätzlich in die kulturtechnischen Hintergründe der Obstarten einarbeiten um eine der jeweiligen Bestäubungsanforderung angepasste Volkgröße, Aufstellung und Betreuung der Völker zu gewährleisten. Dies gewinnt mit zunehmender Intensivierung der Kulturen wie Folienanbau oder Überdachung größeren Raum, da hier auch vom Imker spezielle Maßnahmen erforderlich sind, um einerseits die Bestäubungsleistung zu gewährleisten, anderseits seine Völker nicht innerhalb eines Blühzeitraumes zu verlieren. Dieser Mehraufwand und die intensive Betreuung verbunden mit verringerten Honigerträgen muss dem Imker durch eine „Bestäubungsprämie“ honoriert werden.

Ziele der Arbeit

In der vorliegenden Arbeit sollte der Frage nachgegangen werden, wie Honigbienen als Bestäuber von Erdbeeren im geschützten Anbau so eingesetzt werden können, dass es nur zu minimalem Verlust an Bienen und zu optimaler Bestäubung kommt.

Hierzu wurde in 3 Einsatzverfahren überprüft welchen Einfluss

1. Die Dauer des Bestäubungseinsatzes
2. Das Alter der Bienen und
3. Die Größe der Bienenvölker

Auf die Entwicklung der Völker, auf die Flugaktivität und der Blütenbesuche und auf die Honigerträge haben.

Für jedes Verfahren sollten die Kosten des Bestäubungseinsatzes ermittelt werden.

2 Material und Methoden

2.1 Einfluss der Dauer des Einsatzes auf der Entwicklung der Honigbienenvölker

2.1.1 Untersuchungsort

Die Untersuchungen wurden in der Zeit vom 15. April. 2004 bis 13. Mai 2004 in der Erdbeerplantage des Herren Klaus Ritter in Bonn-Alfter durchgeführt. Die Plantage umfasste 39 Zelte. Die Tunnels waren (80-120 m lang, 5 m breit und ca. 3,5 m hoch). Die Erdbeerpflanzen wurden nicht in den Boden sondern in langen Becken (50 x 20 x10 cm) gepflanzt und in Augenhöhe aufgehängt. Jedes Becken war mit einem Tropfer ausgerüstet, der die Pflanzen mit der richtigen Menge an Wasser und Dünger versorgt. Beginnen die Pflanzen zu blühen, werden die Blütenstände vorsichtig aus dem Blättergewirr heraus sortiert und nach außen gehängt. Freihängend können die Blüten besser bestäubt werden und die Erdbeeren in optimalem Klima heranreifen.

Abbildung 3: Versuchsanlage. Eine Luftaufnahme zeigt die Folientunnel der Erdbeeren

2.1.2 Aufstellung der Honigbienenvölker

Zur Bestäubung der Erdbeerpflanzen in den Folientunneln wurden in der Zeit vom 15. April 2004 bis zum 13. Mai 2004 insgesamt 21 Honigbienenvölker der Carnica-Rasse *Apis mellifera carnica* Pollmann der Versuchsimkerei des INRES (Institut für Nutzpflanzenwissenschaften und Ressourcenschutz Abteilung Tierökologie) eingesetzt. Die Völker wurden für unterschiedlich lange Zeit eingestellt: die Völker der Gruppe A wurden für eine Woche eingesetzt, das heißt, die Völker wurden nach einer Woche gegen neue ausgetaucht. Die Gruppen A_1, A_2, A_3 und A_4 wurden in den ersten, zweiten, dritten und in den vierten Woche eingestellt (4 x 3 = 12 Völker), die Völker der Gruppe B für 2 Wochen, die Gruppen $B_{1,2}$ in den ersten zwei Wochen, und $B_{3,4}$ in den letzten zwei Wochen (2 x 3 = 6). Die 3 Völker der Gruppe C für 4 Wochen. Die eingesetzten Völker waren 1- bis 2-zargig Groß. Jede Zarge besteht aus 9 Rahmen (2-3 Futterwaben, 5-6 Brutwaben).

Die Honigbienenvölker wurden abends ein- bzw. ausgewandert. Vor der Einwanderung sind die Völker am Bienenstand in Kottenforst für eine Stunde verstellt worden, damit ein Teil der Flugbienen am Bienenstand bleibt. Die aus den Folientunneln zurückgebrachten Völker wurden am Bienenstand so gestellt, dass diese Flugbienen in zurückgekehrten Völkern der gleichen Bestäubungsgruppe einfliegen konnten, um die durch den Bestäubungseinsatz geschwächten Völker zu verstärken.

Tabelle 1: Zeitlicher Ablauf des Einsatzes der Honigbienenvölker zur Bestäubung von Erdbeeren in die Folientunnels.

	Woche 1	**Woche 2**	**Woche 3**	**Woche 4**
A (Eine Woche)	A_1	A_2	A_3	A_4
B (Zwei Wochen)	$B_{1,2}$	$B_{1,2}$	$B_{3,4}$	$B_{3,4}$
C (Vier Wochen)	C	C	C	C

Neben den Versuchsvölkern standen im Kottenforst drei Völker, die als Kontrollgruppe dienten. Nach ihrem Einsatz wurden alle Völker ins Waldgebiet zurückgewandert.

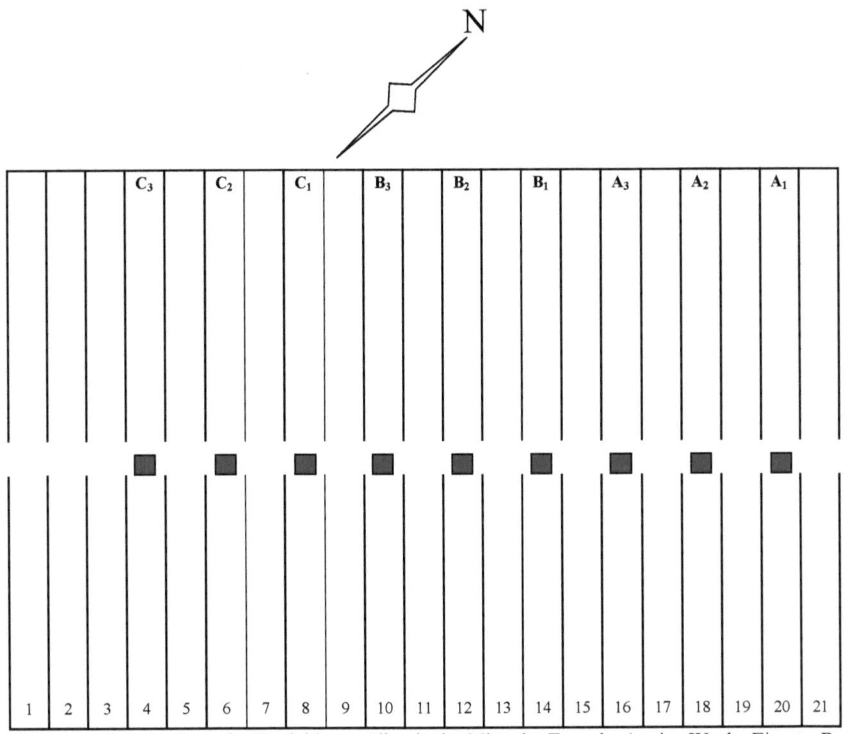

Abbildung 4: Aufstellung der Honigbienenvölker in der Mitte der Tunnels. A: eine Woche Einsatz, B: 2 Wochen, C: Vier Wochen Einsatz.

Die Honigbienenvölker wurden in der Mitte der Tunnels so gestellt, dass sie nach vorne, nach hinten in denselben Tunnel und nach rechts und links in die benachbarten Zelte einfliegen konnten (Abb.4 u. 5).

Abbildung 5: Aufstellung der Honigbienenvölker in den Folientunneln a) ein Bienenvolk in der Mitte des Zeltes. b) zeigt die Richtungen, in denen die Bienen einfliegen können.

2.1.3 Erfassung der Entwicklung der Völker

Zur Ermittlung der Entwicklung der Bienenvölker in den Folientunneln sowie der Kontrollvölker wurde die Populationsgröße in Intervallen von 21 Tagen nach der Liebefelder-Methode geschätzt. Hierzu wurde das Volk zur Seite gestellt, und auf der Stelle eine leere Beute gestellt. Die Anzahl der Bienen auf jeder Wabe wurde geschätzt und der Reihe nach in die leere Beute umgehängt. Hierzu wurde ein Schätzrahmen, der in 7 Quadranten (Einheiten) 10 x 10 cm eingeteilt ist, auf die Wabe gelegt und zuerst die Anzahl der Bienen in jedem Quadranten auf beiden Wabenseiten geschätzt. Auf einen dm^2 Wabenfläche passen ca. 125 Bienen. Wenn aber die Bienen den Kopf in die Zellen stecken, können es 410 sein. Nach dem Schätzen der Bienen wurden auf der gleichen Wabe zuerst die gedeckelte und anschließend die offene Brutfläche geschätzt. Auf jeden dm^2 der Wabe Einheit befinden sich 410 Zellen (Gerig, 1983).

Die Schätzungen wurden am frühen Morgen vor dem Flugbeginn durchgeführt, sollte das nicht möglich gewesen sein, wurde die Anzahl der Flugbienen mitberücksichtigt.

Dazu bestimmt man die Anzahl der Flugbienen, die in einer Minute ein- und ausfliegen und multipliziert die Anzahl mit 25.

Die erste Schätzung wurde einen Tag vor der Einwanderung durchgeführt. Während des gesamten Untersuchungszeitraums wurden im Abstand von 21 Tagen jeweils fünf Schätzungen durchgeführt (14.04., 05.05., 26.05., 16.06. und 07.07.04).

2.1.4 Ermittlung des Gewichts der Honigbienenvölker

Zur Ermittlung der Entwicklung des Gewichts der Bestäubungsvölker sowie der Kontrollvölker wurden alle Völker jede Woche gewogen. Die Völker, die im Einsatz waren, wurden in den Folientunneln gewogen, die Kontrollvölker sowie die Völker, die bereits wieder aus den Folientunneln genommen waren, wurden auf dem Bienenstand im Kottenfrost gewogen. Wenn diese Völker größer wurden, und erweitert werden mussten, wurde das Gewicht der zusätzlichen leeren Beute und der Rahmen berücksichtigt.

2.1.5 Erfassen der Flugaktivität der Bienen

Zur Messung der Flugaktivität der Honigbienenvölker im Folientunneln wurden die ein- und ausfliegenden Bienen je nach Wetter alle zwei bis drei Tage an jedem Flugloch für je zehn Minuten gezählt. Dabei konnte die Flugaktivität von zwei Völkern jeweils von einer Gruppe gleichzeitig bestimmt werden, ein Volk von der dritten Gruppe wurde zehn Minuten später ermittelt. Zudem wurde der Beginn der Flugaktivität sowie das Ende bestimmt.

2.1.6 Blütenbesuche

Die Anzahl der Blütenbesuche wurde in jedem Zelt gezählt. Hierfür wurden für jedes Zelt zwei Transekte festgelegt, die einen möglichst repräsentativen Querschnitt durch die Fläche von zwei Erdbeerreihen wiedergeben sollten. Ein Transekt wurde vom Anfang des Tunnels bis zum Ende zwischen zwei Erdbeerenreihen begangen, der andere wurde vom Ende des Zeltes nach vorne. Die Dauer der Begehung eines Transekt betrug 5 Minuten das heißt: die Blütenbesuche der Honigbienen wurde in jedem Tunneln in 10 Min ermittelt Jeder Transekt bestand aus drei Abschnitten, je nach Lage im Zelt: vorne, Mitte und Hinten. Bei jeder Begehung wurden nur die Bienen, die auf den Blüten waren, erfasst (Abb. 6).

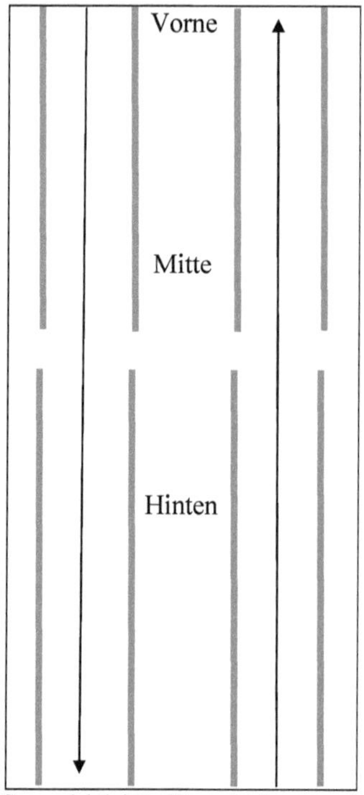

Abbildung 6: Erfassung der Sammelaktivität (Transekte). graue Linien zeigen die Reihen der Erdbeerpflanzen, Pfeile zeigen die Richtung bei den Begehungen.

2.1.7 Honigerträge

Am 27.05.2004 wurden die Honigerträge bei 6 Völker der Gruppe A, die eine Woche im Einsatz waren, sowie die der Kontrollvölker, ermittelt. Zwei Monate später und am 27.07.2004 wurden die Erträge der Sommertracht bei allen Völkern bestimmt. Hierzu wurden am frühen Morgen die Honigwaben gezogen und die aufsitzenden Bienen abgefegt. Die Zarge und die entnommenen Honigwaben wurden mit der entsprechenden Nummer des Volks beschriftet und gewogen. Nach dem Schleudern wurden die Zargen und die leeren Waben gewogen. Aus der Gewichtsdifferenz der bei der Honigentnahme gewogenen Waben, dem Gewicht der Leerwaben und den Zargen ergab sich der absolute Honigertrag für jedes Volk. Zur Ermittlung der Honigleistung der Völker wurde zuerst das Standmittel der Kontrollgruppen wie folgt errechnet:

$$\frac{Summe\ der\ Erträge\ der\ Kontrollvölker}{Anzahl\ der\ Kontrollvölker} = Standmittel\ (in\ kg)$$

Die Honigleistung in Prozent vom Standmittel der Kontrollgruppe errechnete sich wie folgt:

$$\frac{Ertrag\ des\ Volkes}{Standmittel} \times 100 = Honigleistung\ (in\ \%)$$

2.1.8 Ermittlung der Kosten des Bestäubungseinsatzes

Bei der Bestäubung der Erdbeeren im Gewächshaus entstanden Kosten durch den Verlust an Bienen, durch den geringeren Honigertrag, durch die Auffütterung, die Fahrkosten bei der Ein- und Auswanderung und die Arbeitsstunden. Zur Ermittlung der Bestäubungskosten wurde der Verlust an Bienen bei den Bestäubungsvölkern im Vergleich zu den Kontrollvölker anhand der Populationsschätzung bestimmt. Die Völker der Gruppe C, die 4 Wochen im Einsatz waren, wurden zusätzlich verfüttert und die Kosten der Fütterung ermittelt. Die Fahrkosten für Ein- und Auswanderung wurden für jede Gruppe separat ermittelt. Die Völker der Gruppe C wurden nur ein Mal ein- bzw. ausgewandert, die der Gruppe B zweimal und die der Gruppe A vier Mal. Der Mangel an Honig bei den Versuchsvölker wurde im Vergleich zu den Kontrollvölker ermittelt.

2.1.8.1 Erfassen des Bienenverlustes

Der Verlust an Bienen errechnet sich von der Differenz zwischen der geschätzten Ausgangspopulation jedes Volk und der Anzahl der Bienen nach dem Einsatz:

$$Bienenverlust = erwartete\ Bienenanzahl - Bienenanzahl\ nach\ dem\ Einsatz$$

Die erwartete Anzahl der Bienen ist die Anzahl der Bienen in den Völkern wenn sie nicht in Gewächshaus eingesetzt worden wären. Sie lässt sich so errechnen:

$$\begin{aligned}&erwartetete\ Bienenanzahl\\&\qquad = k \times gesch\ddot{a}tzte\ Anzahl\ der\ Bienen\ vor\ dem\ Einsatz\end{aligned}$$

K: Korrekturfaktur

$$K = \frac{gesch\ddot{a}tzte\ Anzahl\ der\ Bienen\ der\ Kontrolle\ nach\ dem\ Einsatz}{gesch\ddot{a}tzte\ Anzahl\ der\ Bienen\ der\ Kontrolle\ vor\ dem\ Einsatz}$$

2.1.9 Statistik

Die ermittelten Daten aller Versuche wurden mit dem Statistikprogrammpaket SPSS ausgewertet. Normalverteilte und varianzhomogene Daten konnten mit einer einfaktoriellen Varianzanalyse ANNOVA verrechnet werden. Bei signifikanten Unterschieden erfolgte ein Vergleich der Mittelwerte mit dem Tukey-Test. Daten, die auch nach der Durchführung von Standardtransformationen nicht varianzhomogen und normalverteilt waren, ließen sich mit dem nichtparametrischen Kruskal-Wallis-Test verrechnen. Bei signifikanten Unterschieden wurden die nichtparametrischen verrechneten Daten untereinander mit dem Mann-Whitney-U Test, korrigiert nach Bonferroni, verglichen. Alle Verrechnungen erfolgten bei Irrtumswahrscheinlichkeit von 0,05.

2.2 Einfluss des Alters der Bienen auf die Bestäubungsleistung der Honigbienenvölker und auf den Verflug der Bienen

Untersucht wurde, wie sich die Honigbienenvölker mit und ohne Flugbienen in den Folientunneln entwickeln. Überprüft wurde die Hypothese, dass einige Bienen, die ihren ersten Orientierungsflug in den Folientunneln gemacht haben, sich besser zu orientieren als alte Bienen, die bereits ihren ersten Orientierungsflug im Freiland gemacht haben. Die Untersuchungen wurden in der Erdbeerplantage des Herr Klaus Ritter in Bonn-Alfter durchgeführt.

2.2.1 Aufstellung der Honigbienenvölker

Es wurde getestet, ob ältere Flugbienen oder Jungbienen besser bestäuben und sich weniger verfliegen. Hierfür wurden die drei Völker der Gruppe J ohne Flugbienen und die Gruppe F mit Flugbienen in die Tunnels eingestellt. Die Völker der Gruppe J3, die ebenso keine Flugbienen hatten, wurden drei Tage vor den beiden anderen Gruppen eingestellt, damit sich die Jungbienen einfliegen konnten bevor der Test gestartet wurde. Insgesamt wurden zur Bestäubung der Erdbeeren in den Folientunneln in der Zeit von 15.04.2006 bis 16.05.2006 18 Honigbienenvölker der Versuchsimkerei des INRES (Institut für Nutzpflanzenwissenschaften und Ressourcenschutz – Abteilung Tierökologie) für zwei Wochen eingesetzt. Nach zwei Wochen wurden alle Völker gegen neue ausgetauscht. Neben den Völkern der drei Gruppen standen drei Völker der Kontrollgruppe auf der Obstwiese des INRES –Tierökologie.

Zur Einwanderung der Völker ohne Flugbienen wurden bei den Gruppen J und J3 Fluglinge gemacht. Hierzu wurden die Völker einen Tag vor dem Einwanderungstermin zur Seite verstellt. An den Platz, wo das Volk ursprünglich stand, wurde eine komplette Beute aufgestellt. Sie enthielt eine Futterwabe (als Schlechtwetterreserve), eine Wabe mit etwas offener Brut und 7 ausgebaute Waben. Die heimkehrenden Bienen flogen nicht mehr in das Muttervolk, sondern an den alten Platz, wo die leere Zarge stand. Damit keine neue Königin im Flugling nachgezogen wird, wurden die Weiselzellen nach 9 Tage entfernt und eine neue Wabe mit offener Brut gegeben. Nach 18 Tage konnte der Flugling mit dem aus den Folientunneln zurückgebrachte Muttervolk wieder vereinigt werden.

2.2.2 Ermittlung der Entwicklung der Völker

Zur Ermittlung der Entwicklung der Honigbienenvölker wurde die Populationsgroße der Völker nach „Liebefelder Methode" geschätzt (siehe 2.2.3). Die Populationsgröße der Völker wurde einen Tag vor der Einwanderung in den Folientunneln geschätzt und nach 3 Wochen, das bedeutet eine Woche nachdem die Völker aus den Folientunneln zurückgebracht worden sind, wieder geschätzt. Es sollte untersucht werden, welche Völker (mit oder ohne Flugbienen) den höchsten Verlust an Flugbienen haben. Die Populationsschätzung wurde am 14.04.2006 für die Völker der Gruppe $J3_1$ und am 27.04.2006 für die Gruppe $J3_2$ durchgeführt. Am 17.04.2006 wurden die Völker der Gruppen J_1 und F_1 geschätzt. Völker der Gruppen A_2 und C_2 wurden am 01.05.2006 geschätzt. Die 2. Populationsschätzung wurde jeweils drei Wochen nach der 1. Schätzung durchgeführt.

2.2.3 Ermittlung des Gewicht der Völker sowie die Fluglinge

Zur Bestimmung das Gewicht der Honigbienenvölker während des Einsatzes in den Tunneln wurden die Bestäubungsvölker, die Fluglinge und die Kontrollvölker vor dem Einsatz und nach dem Einsatz gewogen. Es sollte untersucht werden, ob die ältere Flugbienen oder Jungbienen in Tunneln oder die Flugbienen im Flugling auf der Obstwiese besser sammeln können. Alle vom Imker verursachten Gewichtsänderungen, wie Zugabe und Entnahme von Ausrüstung (Waben, Absperrgitter, Futtereinrichtungen) und Volkskomponenten (Bienen, Brut und Honig) wurden genau protokolliert und entsprechend verrechnet.

2.2.4 Flugaktivität und Blütenbesuche in Abhängigkeit des Alters der Bienen

Die Anzahl der Honigbienen, die 6 Erdbeerpflanzen in Zeitraum von 10 Minuten besuchten wurde ermittelt. Beim Erfassen der Blütenbesuche wurde auch die Anzahl der offenen Blüten protokolliert. Beobachtet wurde, ob die Biene beim Blütenbesuch ob Nektar oder Pollen sammelt, und ob sie vor dem Blütenbesuch Blütenstaub auf dem Körper hatte.

2.2.5 „trapping“ Effekt

Zum Erfassen des „ trapping“ Effekts der Bienen wurde beim guten Wetter nach Ende des Flugbetriebs die Anzahl der Bienen, die am Dach des Zeltes hängen geblieben sind, gezählt. Es wurde die Anzahl der Bienen im vorderen und hinteren Abschnitt im Tunnel einmal in der Woche ermittelt.

2.2.6 Ermittlung der Erdbeererträge

Um die Bestäubungsleistung der verschiedenen Bestäuber zur ermitteln, wurden die Erdbeererträge in jedem einzelnen Tunnel nach Menge und Qualität erfasst. Hierzu wurden die Erdbeeren in die verschiedenen Handelsklassen aufgeteilt. Die hier angegebenen Erträge beziehen sich auf die vermarktungsfähigen Früchte der Handelsklasse I. Sie sind gut geformt und wiesen einen Mindestdurchmesser von 25 mm auf. Zur Handelsklasse II gehören die missgebildeten Früchte sowie die Früchte die einen Durchmesser von weniger als 18 mm hatten.

Zwischen dem 23. Mai 2006 und 20. Juni 2006 erfolgte alle zwei bis drei Tage die Erdbeerernte. Sie begann bei jedem Termin um 5 Uhr morgens und dauerte bis ca. 11 Uhr vormittags. Beim Ernten hatten die Mitarbeiter ein Namenschild mit Nummer, die anzeigte, in welchem Zelt sie geerntet haben. Die geernteten Erdbeeren wurden in Schalen ā 500 gr gefüllt.

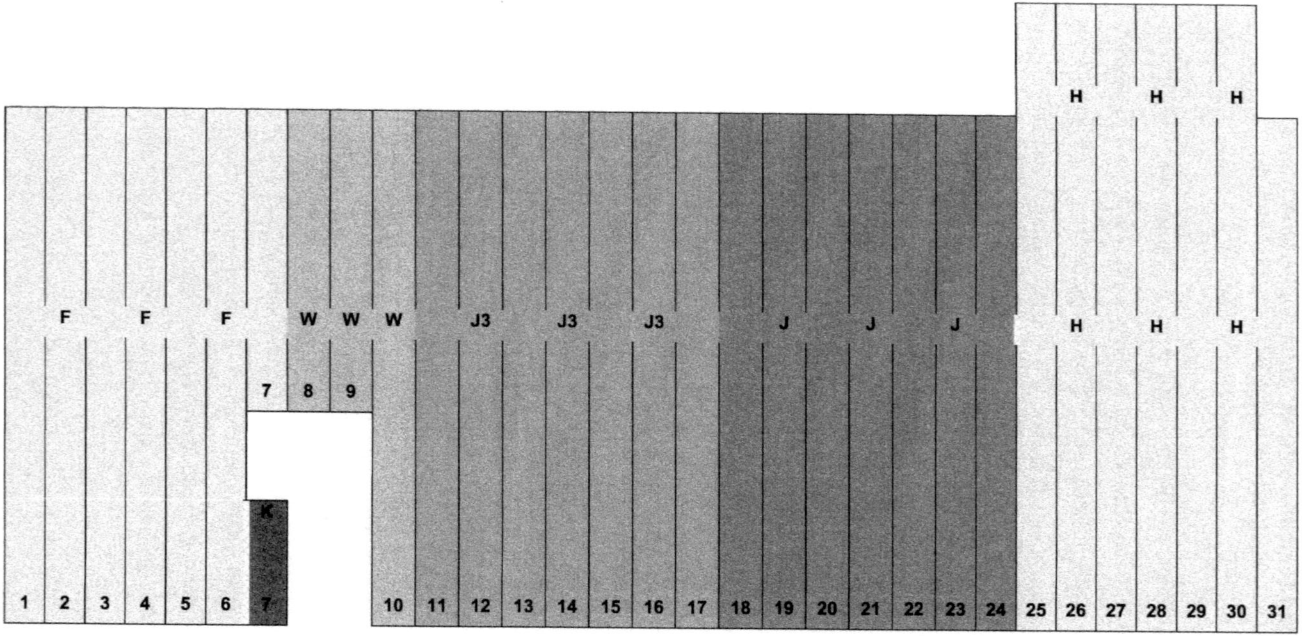

Abbildung 7: Aufstellung der Honigbienenvölker sowie die Hummelvölker. Die Zahlen zeigen die Tunnelnummer, J: Honigbienenvölker ohne Flugbienen, J3: ebenso ohne Flugbienen aber mit drei Tage Einflugzeit, F: Honigbienenvölker mit Flugbienen, H: Hummeln, K: abgeschlossene Kontrolltunnel (kein Bestäuber) und W: wenig Bestäuber (dort stehen keine Bienenvölker, die Bienen, die die Blüten besuchen stammen aus den Völkern J3 und F).

2.3 Entwicklung der Völker in Abhängigkeit der Völkergröße

In diesen Untersuchungen wurde es getestet, wie sich Honigbienenvölker unterschiedlicher Größen in den Folientunneln entwickeln.

2.3.1 Untersuchungsort

Die Untersuchungen wurden in den Erdbeerplantage von Herren Ritter in Wesseling (Weddig) bei Köln durchgeführt. Die Plantage umfasste mehrere einzelne Folientunnels. Die Erdbeerpflanzen wurden in der Erde angebaut. Zur Belüftung wurden die beiden Seiten des Tunnels geöffnet.

2.3.2 Honigbienenvölker

Zur Bestäubung von Erdbeeren in den Folientunneln wurden in der Zeit von 19. 03. 2003 bis 22. 04. 2003 Insgesamt wurden neun Honigbienenvölker zur Bestäubung der Erdbeeren in die Folienhäuser eingesetzt. Je nach Größe wurden die Völker in drei Gruppen, jeweils mit drei Völkern, aufgeteilt. Die starken Völker der Gruppe 100V waren diejenigen Völker, deren Bienen- und Brutanzahl zwischen fünfzehn und zwanzig Tausend Individuen lag. Völker der Gruppe 50V waren mittelmäßig stark und besaßen zehn bis fünfzehn Tausend Bienen und verdeckelte Brutzellen. Die Kategorie 30V umfasst die schwachen Völker mit fünf bis zehn Tausend Individuen (Bienen + verdeckelte Brut). Neben den Bestäubungsvölkern standen drei Kontrollgruppen im Waldgebiet. Die Kontrollgruppen 100K, 50K und 30K waren so groß wie die Bestäubungsvölker 100V, 50V und 30V.

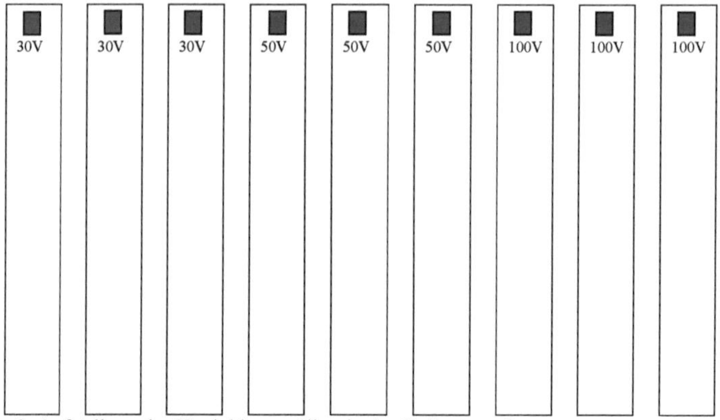

Abbildung 8: Aufstellung der Honigbienenvölker in den Folientunneln.

2.3.3 Populationsschätzung

Zur Erfassung der Entwicklung der Honigbienenvölker wurde die Anzahl der Bienen und die Brutzellen anhand der Liebefelder Methode geschätzt (siehe 2.1.3). Die Populationsschätzung wurde einmal vor dem Einsatz der Bienen durchgeführt. Die zweite Populationsschätzung fand während des Einsatzes statt.

2.3.4 Blütenbesuche

Die Anzahl der Honigbienen, die 15 Erdbeerblüten in Zeitraum von 10 Minuten in drei Abschnitten des Folientunnels (Vorne, Mitte und hinten) besuchten, wurde ermittelt. Beobachtet wurde, was die Honigbienen beim Blütenbesuch sammeln, ob Nektar oder Pollen, und ob sie vor dem Blütenbesuch Blütenstaub auf dem Körper hatten.

3 Ergebnisse

3.1 Entwicklung der Völker

3.1.1 Entwicklung der Bienenvölker bei unterschiedlicher Dauer des Einsatzes

Anzahl der Bienen:

Die Ergebnisse der Populationsschätzung der Honigbienenvölker, die im Einsatz waren sowie die Kontrollgruppe (d.h. die Gruppen A_1, A_2 und A_3 sowie die Gruppe $B_{1,2}$, C und die Kontrollgruppe D) sind in Tabelle (2) und Abbildung (9) dargestellt. Die durchschnittliche Anzahl der Bienen der Kontrollgruppe hat sich auf 19663 ± 5386 (N=3) verdoppelt, während die Anzahl der Bienen der Gruppe C, die 4 Wochen im Einsatz war, drastisch auf 6229 ± 3948 (N=3) verringert. Die der Gruppe A hat sich leicht erhöht (11563 ± 4328, N=9), und die der Gruppe B blieb fast unverändert (10900 ± 4439, N=3). Der Unterschied in der Anzahl der Bienen zwischen der Kontrollgruppe und der Bestäuber-Gruppe C lässt sich signifikant absichern ($P < 0{,}05$, TUKEY). Die Unterschiede in der Anzahl der Bienen zwischen den drei Gruppen sind nicht signifikant.

Tabelle 2: Entwicklung der zur Bestäubung von Erdbeeren in Folientunneln eingestellten Honigbienenvölker sowie der Kontrollvölker

	Anzahl der Bienen		Gesamtgröße des Volkes		Anzahl der offenen Brut		
Dauer des Einsatzes	**Vor dem Einsatz**	**nach drei Wochen**	**Vor dem Einsatz**	**nach drei Wochen**	**Vor dem Einsatz**	**nach drei Wochen**	**N**
A (Eine Woche)	9079	11563	22996	36163	6879	12254	9
B (Zwei Wochen)	9367	10400	22828	22290	6697	7995	3
C (Vier Wochen)	9833	6229	23842	11354	8132	4578	3
D (Kontrolle)	9813	18913	23821	51303	7653	13120	3

Bei der dritten Populationsschätzung am 26.5.2004 lag die durchschnittliche Anzahl der Bienen bei der Gruppe C mit 5788 Biene/Volk nachweißbar geringer als bei den Kontrollgruppe mit 27333 Biene/Volk sowie der der Gruppe A mit 19167 Biene / Volk und der Gruppe B mit 18358 Biene/Volk. Die Differenz zwischen der Kontrollgruppe und der Gruppen A und B war nicht signifikant (Abb. 9).

Vom 26.5.2004 bis zum 16.6.2004 stieg die Anzahl der Bienen bei den Varianten B, C und D. Dabei fiel der Anstieg bei der Gruppe C mit etwa mit 7937 Biene/Volk (137 %) höher als bei der Kontrollgruppe D mit 3805 Biene/Volk (14%) und der Gruppe B mit 1559 (9%). Die Anzahl der Bienen der Gruppe A sank mit 961 Biene/Volk (5 %) ab.

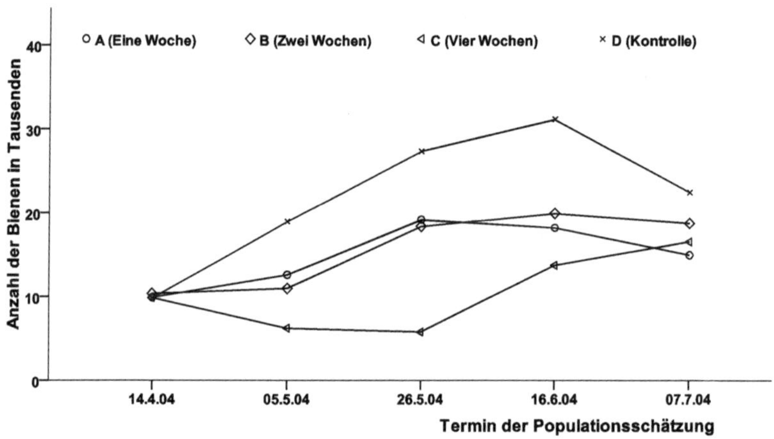

Abbildung 9: Anzahl der Bienen bei den Bestäuber-Gruppen und die Kontrollvölker im Laufe der Untersuchungen. Dargestellt sind die Mittelwerte der Anzahl der Bienen in Tausenden.

Im Zeitraum vom 16.6.2004 bis zur letzten Schätzung am 7.7.2004 konnte ein Anstieg von 13725 Biene/Volk auf 16542 Biene/Volk ermittelt werden. Die Anzahl der Bienen bei der Gruppe A sank von 18206 auf 14940 weiter ab. Das Gleiche gilt auch für die Kontrollgruppe D. Bei dieser lag der Abstieg bei 8713 Biene/Volk. Mit 1150 Bienen sank der Anzahl der Bienen Gruppe B leicht ab.

Bienenbrut

Während des Einsatzes ging die Bruttätigkeit der Königinnen bei den Bestäubungsvölkern zurück. Wohingegen die Bruttätigkeit der Kontrollvölker im gleichen Zeitraum anstieg. Obwohl Anzahl der von der Königin abgelegten Eier bei den Völkern der Gruppe A von 663 auf 1171 Eier/Tag (77% Zunahme) anstieg, blieb aber ihre Bruttätigkeit hinter der von den Kontrollvölkern zurück. bei der Kontrollgruppe stieg die Anzahl der von den Königinnen gelegten Eier von 667 auf 1542 Eier/Tag (131 % Zunahme) Bei den Völkern der Gruppe B legte die Königin während des Einsatzes ca. 12 % (von 641 auf 566 Eier/Tag) weniger Eier als vor ihrem Einsatz. Die Völker der Gruppe C wiesen die höchste Abnahme in Bruttätigkeit auf. Bei dieser ging die Anzahl der täglich gelegten Eier von 667 auf 244 Eier (63% weniger Brut) (Abb. 10).

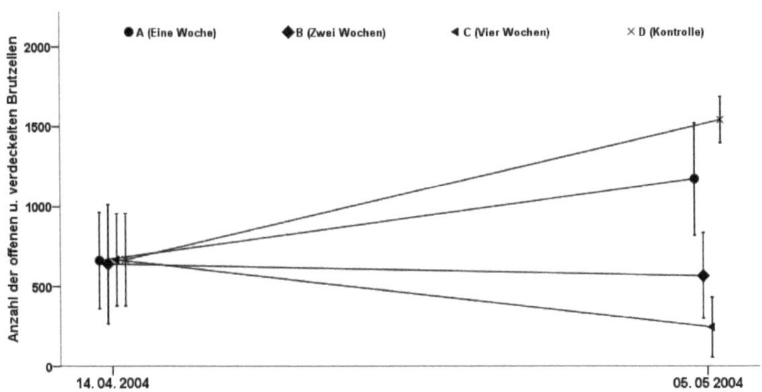

Abbildung 10: Anzahl der täglich von den Königinnen abgelegten Eier bei den Völkern, die im Einsatz waren sowie die Kontrollvölker. Gruppe A (n=9), B (n=3), C (n=3) und Kontrolle (n=3).

Am 26.5.2004, zwei Wochen nachdem alle Bestäubungsvölker aus dem Gewächshaus herausgeholt waren, zeigten die Völker der Gruppe B mit 12021 Bienen/Volk den höchsten Anstieg, gefolgt von der Gruppe C mit 6392 Bienen/Volk, während bei der

Kontrollgruppe D und Völker der Gruppe A ein Rückgang von 7160 Biene/Volk und 1166 Biene/Volk ermittelt werden konnte (Abb. 11).

Während die Gesamtgröße der Gruppe C vom 26.5.2004 bis zum 16.6.2004 von 17746 auf 39965 Bienen/Volk (+22219) weiter anstieg, sank sie bei allen übrigen Varianten ab. Mit einem Schwund von 7828 Bienen/Volk (von 36028 auf 28200) wiesen die Völker der Gruppe A den höchsten Rückgang auf. Die Gesamtgröße der Gruppe B ging von 41216 auf 35497 (-5719 Bienen/Volk) zurück. Bei den Kontrollvölkern konnte ein leichter Abstieg von 1663 Bienen/Volk (von 42481 auf 41832) beobachtet werden.

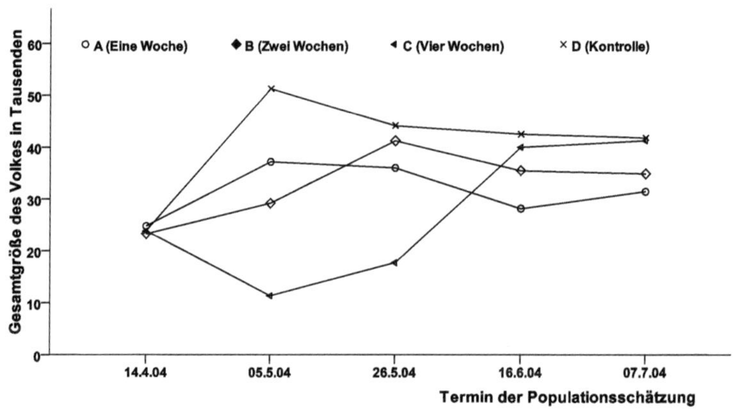

Abbildung 11: Entwicklung der Gesamtgröße der Völker jeder Gruppe (A, B, C und D). Dargestellt sind die Mittelwerte der Anzahl der Bienen, offenen und verdeckelten Brutzellen in Tausenden.

Am 7.7.2004 lag die mittlere Gesamtgröße der Völker der Kontrollgruppe bei 41831 Bienen/Volk. Mit 41278 Bienen/Volk wiesen die Völker der Gruppe C annähernd gleich hohe Stärke auf wie die Kontrollen. Mit 31476 Bienen hatten die Völker der Gruppe A die geringste Stärke. Die Anzahl der Bienen, verdeckelte und offene Brut lag bei der Gruppe B bei 34927.

Zwölf Wochen nach der ersten Populationsschätzung wiesen die Kontrollvölker den höchsten Anstieg der mittleren Gesamtgröße auf. Bei diesen lag der Anstieg bei etwa 176 %. Mit 173 % zeigten die Völker der Gruppe C einen annähernd gleich hohen

Anstieg. Die Zunahme in der Gesamtgröße bei den Völkern der Gruppe B betrug 150 %. Mit nur etwa 127 % konnte bei der Gruppe A die geringste Entwicklung ermittelt werden.

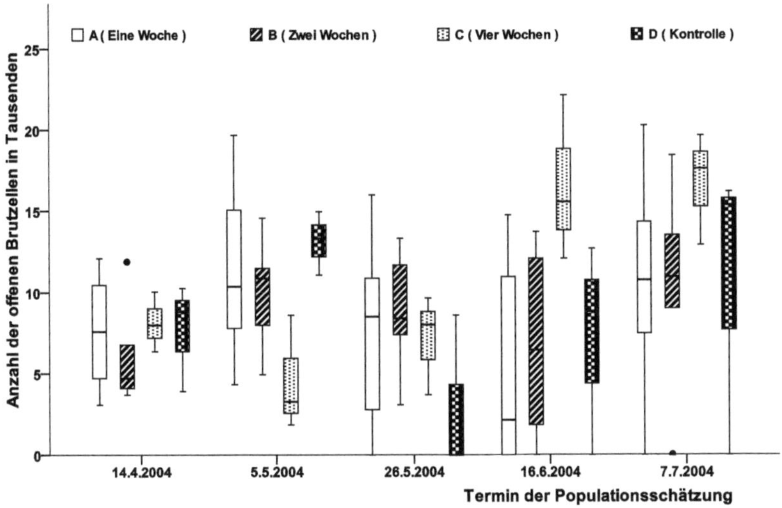

Abbildung 12: Entwicklung der Anzahl der offenen Brutzellen im Laufe der Untersuchung. Sie zeigt wann die Honigbienenvölker geschwärmt haben (wenn Anzahl Brutzellen bei 0 liegt).

3.1.2 Gewichtsverlauf der Völker bei unterschiedlicher Dauer des Einsatzes

Vom 15.4.2004 bis zum 22.4.2004 sank das Gewicht bei den Völkern A_1, $B_{1,2}$ und C während des Einsatzes um 7,93 %, 6,85% und 9,25%. Im Gegensatz dazu stieg das Gewicht bei den übrigen Völkern, die noch nicht in die Folientunneln eingestellt wurden (A_2, A_3, A_4, $B_{3,4)}$ sowie die Kontrollvölker zwischen 7,36 % bei den Völkern der Gruppe $B_{2,3}$ und 15,14% bei den Völkern A_4 (Abb. 13, a und b).

Am 29.4.2004 konnte bei den Völkern der Untergruppe A_2, die in der zweiten Woche im Einsatz waren, einen Rückgang von 1,94 Kg beobachtet werden. Das Gleiche gilt auch für die Gruppe C. Bei dieser sank das Gewicht um 1,6 Kg. Das Gewicht der

Völker der Gruppe $B_{1,2}$ stieg um 0,37 kg nur leicht ab. Der Verlust an Gewicht bei der Gruppe $B_{1,2}$ betrug 2,8 kg. Eine Woche nach ihrem Austausch konnten sich die Völker der Gruppe A_1 erholen und das Gewicht um etwa 5,26 Kg erhöhen. Bei den Völkern, die noch nicht im Einsatz waren sowie die Kontrollgruppe stieg das Gewicht weiter an.

Ähnliche Ergebnisse konnten am 6.5.2004 ermittelt werden. Das Gewicht bei den Bestäubungsvölkern sank ab. Bei den übrigen Völkern stieg das Gewicht an.

Vom 6.5.2004 bis zum 13.5.2004 änderte sich das Gewicht der Völker außerhalb der Folientunnel kaum. Das Gleiche gilt auch für die Völker der Gruppe C. Bei dieser betrug die Abnahme des Gewichts nur 0,40 kg. Mit 3,30 kg wiesen die Völker der Gruppe A_4 den stärksten Abstieg auf.

Im Zeitraum von 15.4.2004 bis zum 13.5.2004 stieg das Gewicht der Kontrollgruppe und der Völker der Gruppen A an. Dabei fiel der Anstieg in der Kontrollgruppe mit 16,6 kg (47,5 %) höher aus als bei den Völkern der Gruppe A mit 7,68 kg (25,5 %). Bei den Völkern der Gruppe B, die zwei Wochen im Gewächshaus eingestellt waren, betrug die Zunahme an Gewicht nur 850 gr (2,4 %). Im Gegensatz dazu konnte bei den Völkern der Gruppe C, die die ganze Zeit im Einsatz waren, ein Abstieg von 30,3 kg auf 24,4 kg (19,5 %) gemessen werden.

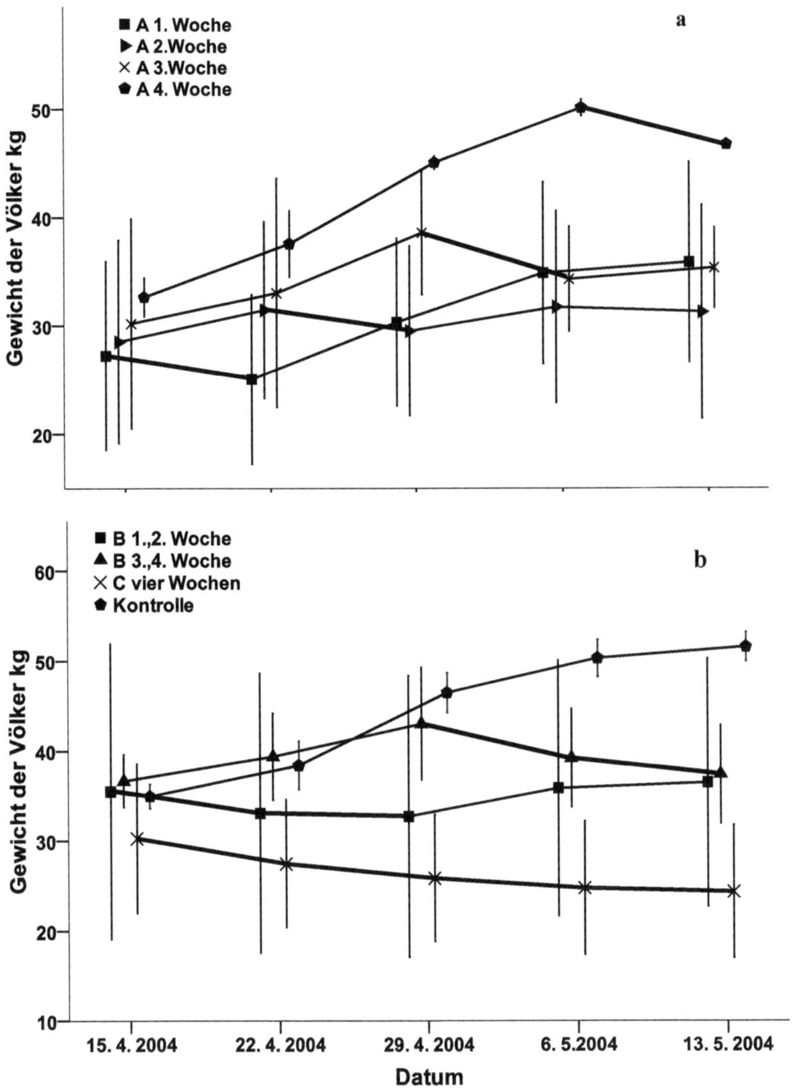

Abbildung 13: Gewichtsverlauf der Völker. Linien zeigen Mittelwerte, Fehlerbalken zeigen Mittelwert ± 1 Standardabweichung. a) zeigt die vier Gruppen der Variante A (n=3). b) zeigt die übrigen Bestäubungsvölker sowie die Kontrollgruppe (n=3). Die dicke Linien zeigen, wann die Völker im Einsatz waren.

3.1.3 Entwicklung der Völker bei unterschiedlicher Altreszusammensetzung

Bienen

Die durchschnittliche Anzahl der Bienen lag vor dem Einsatz bei 10875 Bienen/Volk (bei der Kontrollgruppe), bei den Bestäubungsvölkern J, J3 und F lag bei 11979, 1133 und 11552.

Nach drei Wochen hatten die Völker der Kontrollgruppe eine Populationsgröße von 20167 Biene/Volk, dass heißt ein Anstieg um 185%. Bei den Völkern der Gruppen C, die mit Flugbienen in den Folientunneln eingestellt wurden, stieg die Anzahl der Bienen auf 12450 Biene/Volk (10 %). Das Gleiche gilt auch für die Gruppe J, die ohne Flugbienen eingesetzt wurde. Bei dieser konnte für diesen Zeitraum ein Anstieg von 6 % beobachtet werden. Nach ihrem Einsatz zeigten Völker der Gruppe J3, die ohne Flugbienen eingewandert wurden und drei Tage länger als die beiden Gruppen im Einsatz waren, einen Schwund an Bienen von 10 % (Abb. 14).

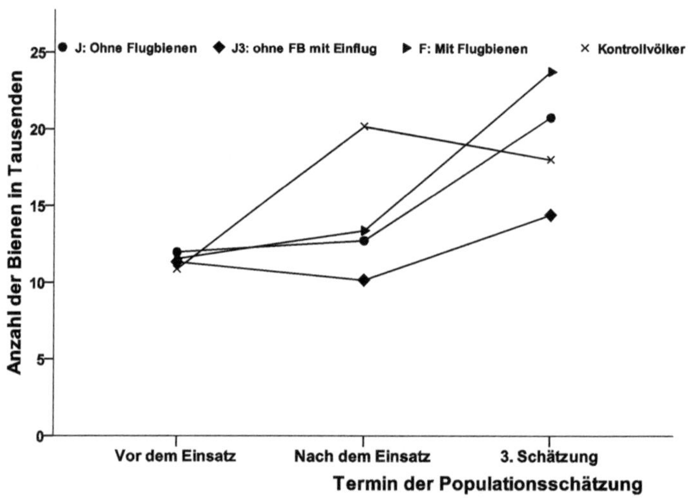

Abbildung 14: Anzahl der Bienen der Bestäubungsvölker sowie die Kontrollgruppe. FB = Flugbienen

In den folgenden 3 Wochen, vier Wochen nach ihrem Einsatz, stieg die Anzahl der Bienen bei den 3 Bestäuber-Gruppen wieder an. Die Völker der Gruppe F hatten den höchsten Anstieg von 12450 Bienen/Volk auf 23738 Biene/Volk (91 %). Bei den Völkern der Gruppe J stieg die Anzahl der Bienen von 12719 auf 20756 (63%). Mit 14400 Biene/Volk hatten Völker der Gruppe J3 42% mehr Bienen als vor drei Wochen. Im Gegensatz zu allen Bestäuber-Gruppen konnte bei den Völkern der Kontrollgruppe ein Rückgang in der Anzahl der Bienen gemessen werden.

Bienenbrut

Nach zwei Wochen (Gruppen J und F) bzw. 17 Tage Einsatz (J3) und eine Woche Erholungszeit legten die Königinnen bei den Völkern der Gruppe J3 im Mittel 22% weniger Eier als vor dem Einsatz. Bei den Völkern der Gruppe J entwickelte sich die Bruttätigkeit der Königinnen von 813 auf 951 Eier/Tag (17 % Zunahme). Mit ca. 21 % mehr Eier pro Tag wiesen die Völker der Gruppe F, die mit Flugbienen eingewandert sind, höhere Entwicklung als die übrigen Bestäuber-Gruppen auf. Im gleichen Zeitraum konnte eine Zunahme in der Bruttätigkeit der Kontrollvölker von ca. 24 % gemessen werden (Tab. 3).

Tabelle 3: Entwicklung der Bruttätigkeit der Königin der Bestäubungsvölker und die Kontrollvölker vor und nach dem Einsatz. Dargestellt sind die durchschnittliche Anzahl der von den Königinnen gelegten Eier pro Tag. FB = Flugbienen.

Bestäuber	Anzahl der offenen und verdeckelten Brutzellen					
	1.Schätzung		2. Schätzung		3. Schätzung	
	Mittelwert	SD	Mittelwert	SD	Mittelwert	SD
J: Ohne Flugbienen	812,5	264,7	951,8	264,5	1300,0	314,8
J3: ohne FB mit Einflug	740,3	424,2	580,8	69,8	1264,2	237,1
F: Mit Flugbienen	847,7	326,4	1025,0	192,4	1050,4	281,4
Kontrollvölker	924,1	402,2	1145,4	299,4	951,8	75,9

Nach vier Wochen Erholungszeit nahm die Gesamtgröße der Bestäubungsvölker wieder zu. Dabei fiel der Anstieg in der Gesamtgröße von 22354 auf 36871 bei der Gruppe J3 höher aus als bei den übrigen Varianten. Bei der Gruppe J3 betrug die Anzahl der verdeckelten Brut 3,75-mal mehr als vor drei Wochen und die offenen Brut 1,5-mal. Bei den Völkern der Gruppen J und F war die Anzahl der Bienen, offenen und verdeckelten Brut 47 % bzw. 35 % höher als drei Wochen vorher. Im gleichen Zeitraum ging die mittlere Größe der Kontrollvölker von 44220 auf 34353 Individuen zurück. Der Rückgang der Größe der Kontrollvölker kann man auf Kalkbrut (Krankheit) zurückzuführen (Abb. 15).

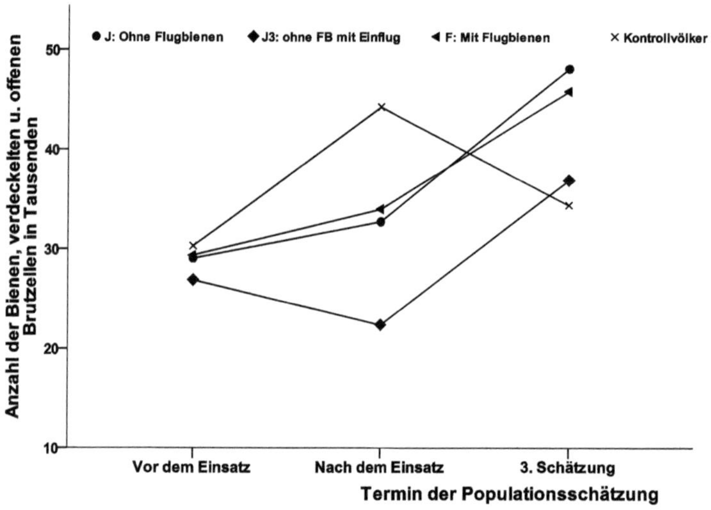

Abbildung 15: Entwicklung der Gesamtgröße der Völker vor und nach dem Einsatz. Die Anzahl der Bienen ist in Tausend angegeben, FB = Flugbienen.

„trapping“-Effekt bei den Bienen

Die Anzahl der Bienen, die nach dem Ende des Flugbetriebs aufgrund des „trapping“ Effekts nicht ins Volk heimgekommen waren, ist in Tabelle 4 und Abbildung 16 dargestellt. Die Anzahl der verfliegenden Bienen auf der südöstlichen Seite des Tunnels lag mit 28 ± 13 Bienen je Volk und Zelt bei den Völkern, die mit den alten Bienen eingewandert sind, über die der Völker mit den alten Bienen (25 ± 8). Das Verfliegen der Bienen im nordwestlichen Tunnelabschnitt war bei den jungen Bienen höher als bei den alten Bienen. Die Differenz zwischen den alten und jungen Bienen ließ sich sowohl auf der südöstlichen Seite als auch auf der nordwestlichen Seite im Zelt nicht statistisch absichern.

Tabelle 4: Anzahl der Bienen, die nach dem Ende des Flugbetriebs am Dach des Zeltes hängen geblieben sind.

	Junge Bienen			**Alte Bienen**		
	südöstlich Mittelwert ± SD	nordwestlich Mittelwert± SD	N	südöstlich Mittelwert± SD	nordwestlich Mittelwert± SD	N
Woche 1	20 ± 7	7 ± 4	6	25 ± 5	5 ± 4	3
Woche 2	27 ± 7	7 ± 2	6	30 ± 4	5 ± 2	3
Woche 3	26 ± 11	6 ± 3	6	30 ± 25	4 ± 2	3
Woche 4	28 ± 6	7 ± 4	6	27 ± 15	6 ± 3	3

Der „trapping“ Effekt im südöstlichen Abschnitt des Tunnels, worauf die Sonne lange Zeit scheint war mit 26 ± 10 nachweisbar höher als im nordwestlichen Abschnitt mit 6 ± 3 ($T= 11{,}764$, $p < 0{,}0001$, $N= 72$, T-Test).

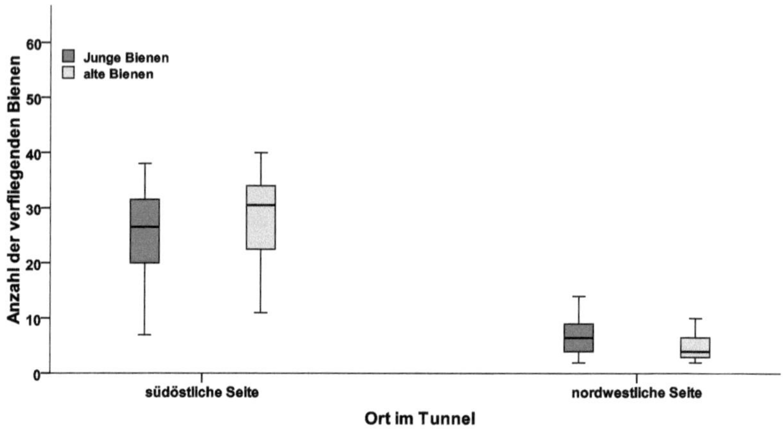

Abbildung 16: Verflug der Bienen währen des Einsatzes in den Folientunneln. Dargestellt sind die mittlere Anzahl der Bienen, die nicht zum Stock geflogen sind, aus 4 Messungen. N = 24 (Junge Bienen), N = 12 bei den alten Bienen.

3.1.4 Gewichtsverlauf der Völker in Abhängigkeit vom Alter der Bienen

Der Gewichtsverlauf der in Folientunneln eingesetzten Völker sowie die Kontrollgruppe sind in Abb. 17 dargestellt. Wie aus der Abbildung ersichtlich, hatte der Einsatz der Honigbienenvölker einen negativen Einfluss auf die Gewichtsentwicklung der Völker. Im Durchschnitt verloren die Völker, die ohne Flugbienen eingewandert sind, 2,18 kg (6,9 %) ihres Gewichts. Bei den Völkern der Gruppe C, die mit Flugbienen in die Folientunnels eingestellt wurden, ging das Gewicht nur 0,59 kg zurück. Im gleichen Zeitraum erhöhte sich das Gewicht der Völker der Kontrollgruppe um 4,8 kg (12 %). Bei den Fluglingen konnte eine 10 % Gewichtsanstieg ermittelt werden.

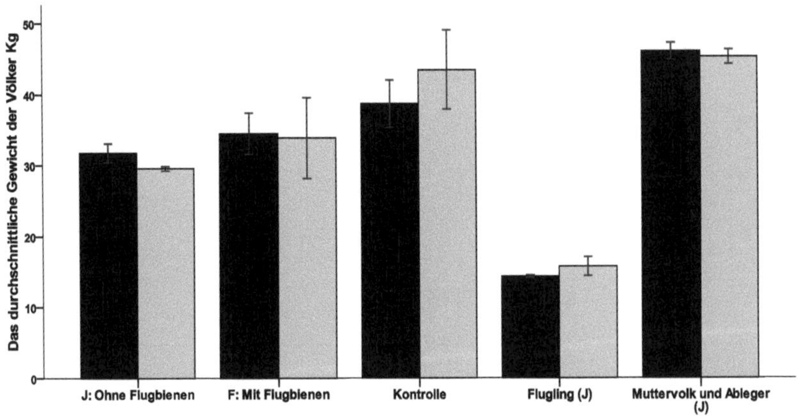

Abbildung 17: Gewichtsverlauf der Bienenvölker vor und nach ihrem Einsatz. Balken zeigen Mittelwert ± 1 SD.

3.1.5 Entwicklung der Völker in Abhängigkeit von Ihrer Größe

Bienen

Einen Überblick auf die Anzahl der Bienen bei den Bestäubungsvölkern sowie bei den Kontrollvölker gibt Abbildung 18. Wie aus der Tabelle ersichtlich, verloren die Völker während ihres Einsatzes zur Bestäubung in den Folienhäuser viele Flugbienen. Der höchste Verlust zeigte sich bei den Völkern der Gruppe 100V. Nach drei Wochen Einsatz hatten sie nur noch 49 % der Bienen vor dem Einsatz. Die schwachen Völker der Gruppe 30V wiesen den geringsten Verlust auf. Sie hatten nach drei Wochen noch ca. 61 % der ursprünglichen Anzahl der Bienen.

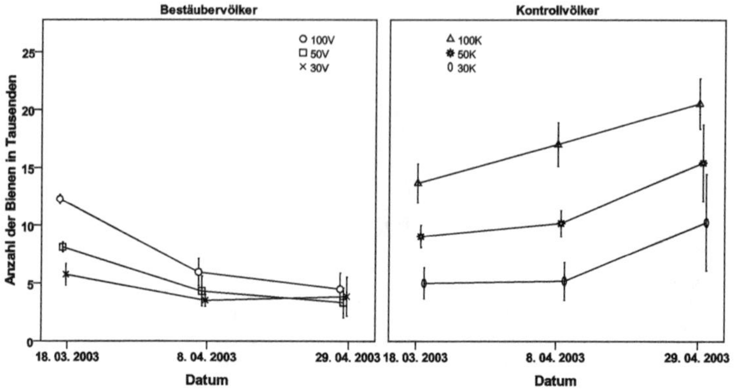

Abbildung 18: Anzahl der Bienen der Bestäubungs- und Kontrollvölker in Tausenden.

Im gleichen Zeitraum konnte bei den Kontrollvölkern ein gegenteiliger Verlauf beobachtet werden. Bei ihnen stieg die Anzahl der Bienen an. Die Anzahl der Bienen der Kontrollgruppe 100K stieg auf 125 % der Bienenanzahl vor drei Wochen. Die Völker der Kontrollgruppe 50K entwickelten sich von 9063 auf 10208 Bienen (13 % Zunahme). Bei den Völkern der Gruppe 30V differierten die Anzahl der Bienen am Anfang und nach drei Wochen kaum.

Bei der nächsten Populationsschätzung, zwei Wochen nach der Auswanderung der Völker aus den Folienhäuser, sank die Anzahl der Bienen bei den Völkern der Bestäuber-gruppen 100V und 50V weiter. Dabei betrug der Abstieg ca. 25 %. Im Gegensatz dazu konnte bei den Völkern der Gruppe 30V ein leichter Anstieg der Bienenpopulation ermittelt worden.

Bienenbrut

Im Durchschnitt legten die Königinnen der Bestäubungsvölker im Einsatzzeitraum ca. 14 % weniger Eier als vor ihrem Einstellen in die Folientunnels. Wohingegen die Bruttätigkeit der Kontrollvölker im gleichen Zeitraum um ca. 60 % anstieg. Die Anzahl der von der Königin abgelegten Eier bei den Völkern der Gruppe 50V ging von 225 auf 163 Eier/Tag zurück. Bei den Völkern der Gruppe 100V legte die Königin während des Einsatzes ca. 15 % weniger Eier als vor ihrem Einsatz. Bei den Völkern der Gruppe 30V konnte keine Änderung in der Anzahl der Brut beobachtet werden. Die Anzahl offener und verdeckelter Brut der Kontrollgruppen stieg im gleichen Zeitraum an. Die Zunahme an Brutzellen betrug 44 % bei den Völkern 50K und 69 % bei den 100K-Völkern (Tab. 5).

Tabelle 5: Anzahl der Brut (offen und verdeckelt) vor und nach dem Einsatz.

Bestäuber-Gruppe	Anzahl der Brut (offen und verdeckelt)		
	18.3.03	**08.4.03**	**29.4.03**
	Mittelwert ± SD	**Mittelwert ± SD**	**Mittelwert ± SD**
100V	6082 ± 1970	5193 ± 2730	9772 ± 2064
50V	4715 ± 410	3417 ± 1365	7312 ± 1592
30V	2938 ± 473	2938 ± 1334	12573 ± 5950
100K	9840 ± 1956	16673 ± 3924	25967± 11173
50K	9567 ± 1644	13735 ± 939	29862 ± 4516
30K	6492 ± 1670	10865 ± 2485	31775 ± 2617

Im Zeitraum vom 8. 04. Bis 29. 04. 2003, nach dem die Völker eine Woche Ruhe hatten, stieg die Anzahl der angelegten Brutzellen bei allen Völkern der Bestäubungsgruppen an. Die höchste Zunahme der Brut wurde bei den schwachen Völkern gemessen. Bei der Bestäubungsgruppe 30V war die Anzahl der Brut 3,3fach höher als die vor drei Wochen. Die Anzahl der Brutzellen der Gruppe 50V hat sich um das 2,14fache vermehrt.

Das Gleiche gilt für die Kontrollvölker. Bei diesen nahm die durchschnittliche Anzahl der angelegten Brut zu. Im Mittel legten die Königinnen der Völker der Gruppe 30K 1513 (SD=124,7, n=3) Eier am Tag. Wohingegen bei den Völkern der Gruppe 100K die Anzahl der Eier im gleichen Zeitraum bei 1237 (SD= 532, n=3) Eier pro Tag und Königin lag. Bei den Völkern der Gruppe 50K legte die Königin im Mittel 1422 (SD= 215, n=3). Eier. Trotz der Zunahme an der Bruttätigkeit der Bestäubungsvölker nach ihrem Einsatz, blieben sie hinter der Kontrollvölker zurück. Im Mittel lag die Anzahl der gelegten Eier bei den Bestäubungsvölkern 100V, 50V und 30V bei 465, 348 und 598 Eier/Tag.

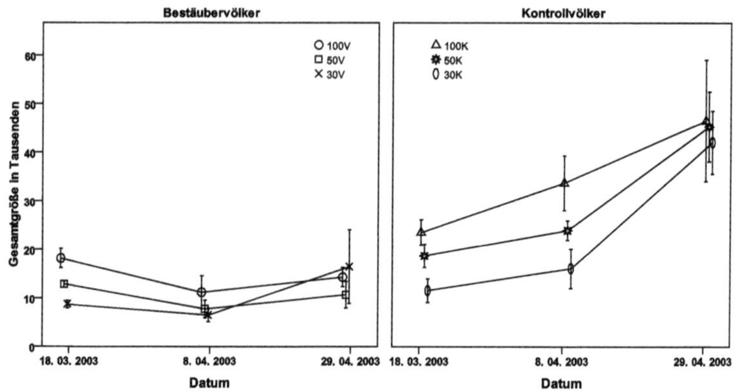

Abbildung 19: Entwicklung der Gesamtgröße der Bestäubungsvölker und Kontrollgruppen.

3.2 Einflüsse auf die Flugaktivität

3.2.1 Flugaktivität im Abhängigkeit von der Dauer des Einsatzes

Die Anzahl der ein- und ausfliegenden Bienen ist in der Abbildung 20 und der Tabelle 5 dargestellt. Vom 15.4.2004 bis 22.04.2004 zeigten sich zwischen den drei Varianten der Bestäuber keine signifikanten Unterschiede. Die durchschnittliche Anzahl der Sammelbienen lag zwischen 147 Ein- und Ausflüge pro 10 Minuten bei den Völkern der Gruppe A und 158 bei denen der Gruppe B. Am 17.4.2004 konnte mehr Flugaktivität bei allen Völkern als am 19.4.2004 beobachtet werden.

In der folgenden Woche, am 23.4.2004, lag die Flugaktivität der Völker der Gruppe A, die einen Tag vorher ausgetauscht wurden, mit 73 Flugbienen / 10 Min nachweisbar geringer als bei den Völkern der Gruppe B mit 182 Biene/10 Min sowie die der Gruppe C mit 175 Bienen/10 Minuten.

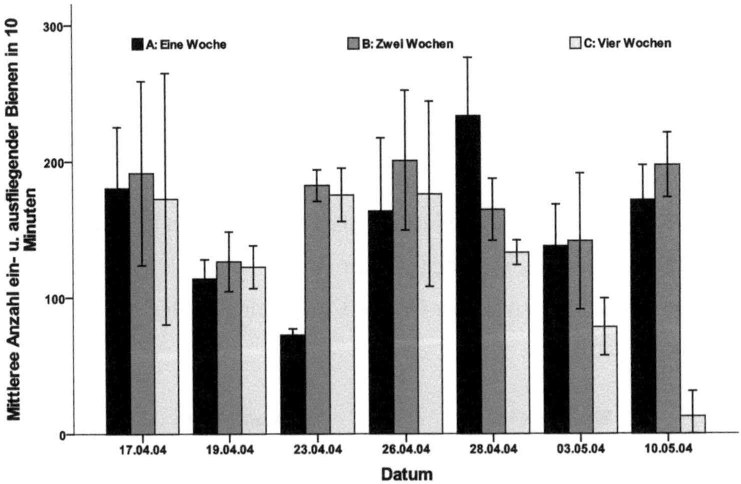

Abbildung 20: Flugaktivität der Bienen am Flugloch in 10 Minuten Dargestellt sind die durchschnittliche Anzahl der Ein- und Ausfliegenden Bienen in 10 Min (Mittelwert ± 1 SD).

Am 26.04.2004 unterscheiden sich die Varianten nicht signifikant voneinander.

Gegen Ende der zweiten Woche, am 28.4.2004 wiesen die Völker der Gruppe A mit 233 Flugbienen/10 Minuten nachweisbar die höchste Flugaktivität auf. Die Differenz zwischen den Völkern der Gruppen B und C waren statistisch nicht abzusichern.

Im Zeitraum vom 29.4. bis 6.5.2004, in dem Völker der Gruppe A, und B ausgetauscht wurden, lag die Flugaktivität der Völker der Gruppe C, die schon drei Wochen im Einsatz ist, mit 78 Biene/10 Minuten nachweisbar niedriger als die der Gruppen A und B.

Tabelle 6 Anzahl der Ein/Ausfliegenden Bienen in 10 Minuten. Dargestellt sind die Mittewerte.

	Untersuchungszeitraum			
	1.Woche	**2. Woche**	**3. Woche**	**4. Woche**
A: Eine Woche	147 ± 47	157 ± 78	138 ± 31	172 ± 25
B: Zwei Wochen	159 ± 57	183 ± 33	141 ± 50	197 ± 24
C: Vier Wochen	148 ± 65	161 ± 42	78 ± 21	13 ± 19

In der letzten Woche waren die Völker der Gruppe C so geschwächt, dass sie kaum noch Flugbienen hatten. Mit nur 13 aus- und einfliegenden Bienen in 10 Minuten je Volk wiesen sie nachweisbar sehr niedrigste Flugaktivität auf. Die ermittelte Flugaktivität der Völker der Gruppen A und B unterschieden sich am 10.5.2004 nicht signifikant voneinander.

Die gesamte Anzahl der aktiven Flugbienen bei den 7 Messungen lag bei den Völkern der Gruppe B bei 3612 Bienen. Gefolgt von der Gruppe A mit 3220 Bienen. Mit 2611 aktiven Bienen wiesen die Völker der Gruppe C die geringste Flugaktivität auf (Abb. 21)

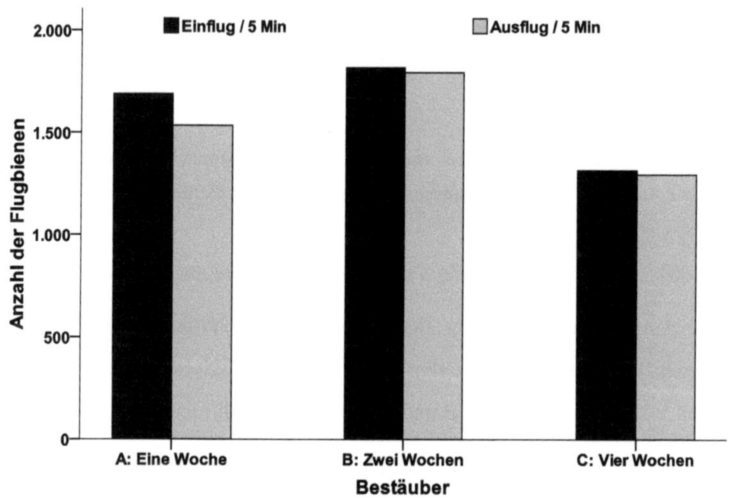

Abbildung 21: Flugaktivität der Bienen vor dem Flugloch. Dargestellt ist die Summe aller ausfliegenden und heimkehrenden Bienen (n=21).

3.2.2 Flugaktivität in Abhängigkeit vom Alter der Bienen

Einen Überblick über die Anzahl der ein- und ausfliegenden Bienen in 10 Minuten bei den drei Kategorien gibt die Abbildung 22. Dabei zeigte sich, dass die Völker der Gruppe F, die mit Flugbienen eingewandert sind, immer mehr Flugaktivität aufwies als die beiden anderen Gruppen, die ohne Flugbienen eingesetzt sind. Im Durchschnitt lag die Flugaktivität am 24.04.2004 bei der Gruppe F tendenziell höher als bei den Gruppen J und J3. die Flugaktivität der Gruppen J und J3 waren annähernd gleich. Am 3.5.2004 wiesen die Völker der Gruppe F Mit 412 Ein- / Ausflügen in 10 Minuten nachweisbar mehr Flugaktivität als bei den Völkern der Gruppe J3 mit 188 Flugbiene/10 Minuten und die der Gruppe J (161 Flugbiene/10 Minuten). Der Unterschied zwischen den Gruppen ohne Flugbienen war signifikant nicht abzusichern. Die Anzahl der aus- und einfliegenden Bienen war am 10.5.2004 mit 237 bei der Gruppe F geringer als die der Gruppe J.

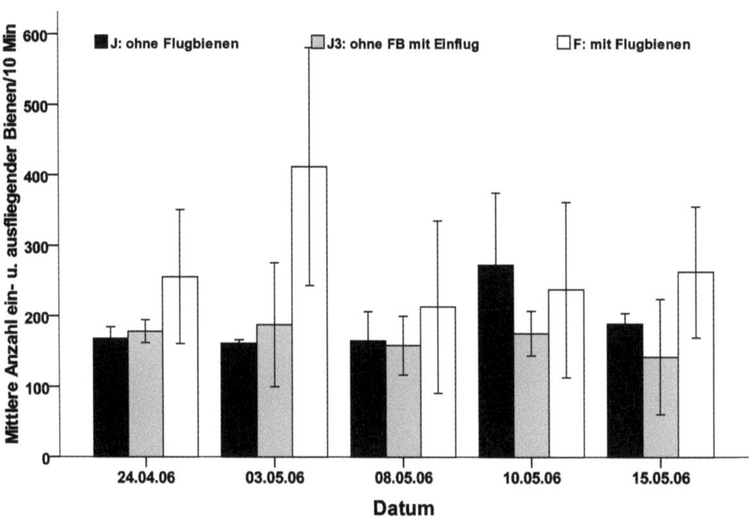

Abbildung 22: Anzahl der ausfliegenden und heimkehrenden Bienen vor dem Flugloch in 10 Minuten Dargestellt sind die Mittelwerte von den aus- und einfliegenden Bienen in 10 Minuten ± 1SD.

3.3 Einflüsse auf die Sammelverhalten und Bestäubungsleistung

3.3.1 Sammelverhalten in Abhängigkeit von Dauer des Einsatzes

Die durchschnittliche Anzahl der Sammlerinnen, die in 10 Minuten Blüten besuchten ist in Abbildung 23 dargestellt. Es zeigte sich, dass die Bienen der Völker der Gruppe B, die alle zwei Wochen ausgetauscht werden mussten, mehr konstante Sammelaktivität als die Bienen von den Völkern der Gruppe A, die jede Woche gegen neue gewechselt worden sind und die der Gruppe C, die vier Wochen im Einsatz waren. Da am Anfang der Untersuchungen alle Völker frisch eingewandert waren, wiesen sie die gleiche Sammelaktivität auf. Am 23. 04. 2004, also ein Tag nach dem die Völker der Gruppe A ausgetauscht wurden, war die Sammelaktivität bei der Gruppe A am geringsten. Gegen Ende des Untersuchungszeitraums konnte bei den Völkern der Gruppe C kaum Sammlerinnen beobachtet werden. Die gesamte Anzahl der Blütenbesucher in 10 Minuten lag bei der Völker der Gruppe A bei 1156 Biene (N = 20*10 Minuten). Mit nur 660 Sammlerinnen (N= 20*10 Minuten) wiesen die Völker der Gruppe C die geringste Sammelaktivität auf (siehe Tabelle 7).

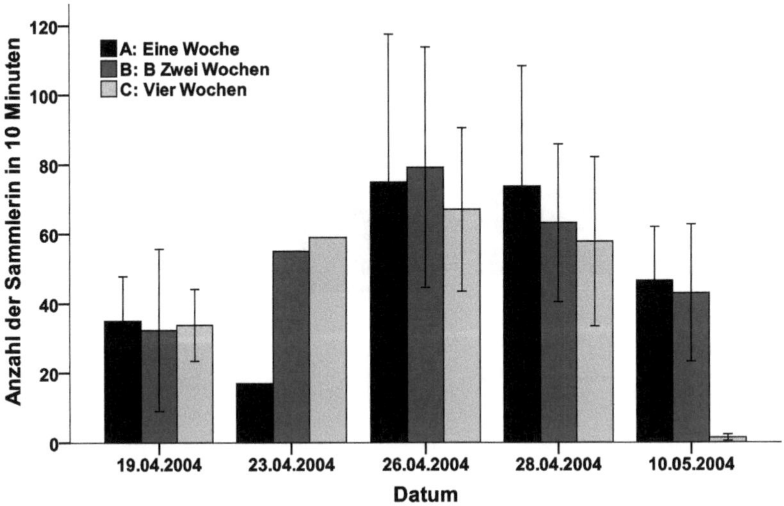

Abbildung 23: Sammelaktivität der drei Bestäuber-Gruppen. Dargestellt sind die Mittelwerte der aktiven Bienen in 10 Minuten (Transekt). Balken zeigen Mittelwert ± 1 SD. Am 23.04.04 wurde nur ein Volk je Bestäuber-Gruppe beobachtet.

Tabelle 7: Sammelaktivität der Bienen in verschiedenen Abschnitten im Folientunnel. N=20*10 Minuten

Bestäuber	Vorne (südöstliche Seite)			Mitte			Hinten (nordwestliche Seite)			Gesamt	
	Anzahl der Bienen	**%**	**N**	**Anzahl der Bienen**	**%**	**N**	**Anzahl der Bienen**	**%**	**N**	**Anzahl der Bienen**	**%**
A: Eine Woche	280	24,2	20*10	331	28,6	20*10	545	47,1	20*10	1156	100
B: Zwei Wochen	265	24,3	20*10	341	31,3	20*10	483	44,4	20*10	1089	100
C: Vier Wochen	148	22,4	20*10	211	32	20*10	301	45,6	20*10	660	100
Gesamt	693	23,9	60*10	883	30,4	60*10	1329	45,7	60*10	2905	100

In Tabelle 7 ist die Sammelaktivität der Honigbienen im Hinblick auf den Sammelort im Tunnel dargestellt. Wie aus der Tabelle ersichtlich ist, besuchten im Durchschnitt mehr als 45 % der Sammlerinnen im hinteren Abschnitt (die nordwestliche Seite des

Tunnels) die Erdbeerblüten. Im vorderen Abschnitt (die südöstliche Seite des Tunnels) konnten ca. 24 % der Honigbienen im ermittelt worden((Abb. 24).

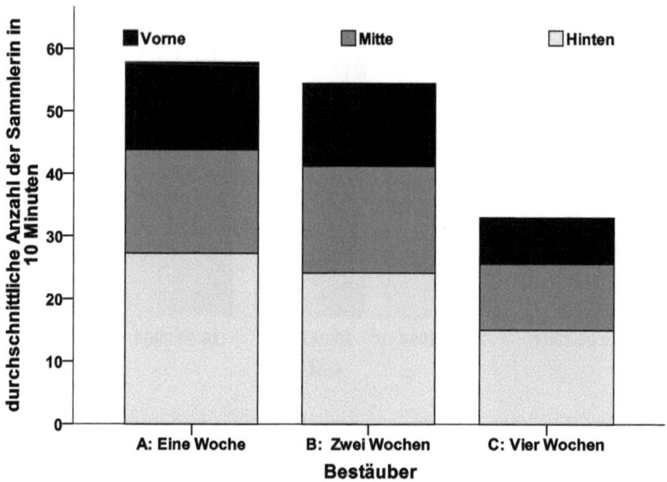

Abbildung 24: Flugaktivität bezogen auf dem Sammelort. Vorne ist die südöstliche Seite des Tunnels, Hinten ist die nordwestliche Seite.

Einen Überblick auf die Relation von Sammelaktivität und Entfernung vom Tunnel, in dem das Volk stand, gibt Abb. 25. Die Honigbienen konnten bis zu drei Zelten vom Volk entfernt fliegen. Die Sammelaktivität im Tunnel, in dem das Volk stand und in den benachbarten Zelten konnte die höchste Flugaktivität beobachtet werden. Mit zunehmender Entfernung vom Volk sank die Sammelaktivität ab. Der Unterschied zwischen dem Heimat-Tunnel und die übrigen Tunnels war signifikant ($p < 0{,}001$, Mann-Whitney-U Test). Die Sammelaktivität im Tunnel zwischen zwei Völkern unterschied sich von den drei weiteren Tunnels auch signifikant.

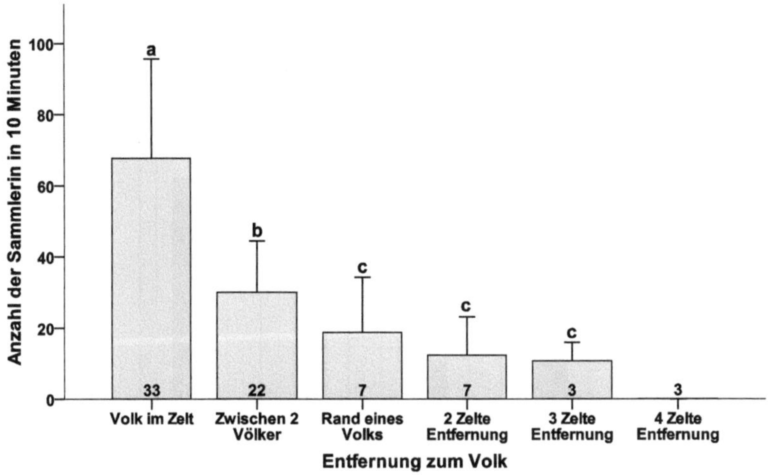

Abbildung 25: Flugaktivität bezogen auf die Entfernung vom Heimat-Tunnel. Zwischen 2 Völkern bedeutet, dass das Tunnel zwischen zwei Tunneln, in denen ein Bienenvolk steht. a, b, und c: die signifikante Unterschiede bei Mann-Whitney-U Test, $P < 0{,}001$.

3.3.2 Sammelverhalten in Abhängigkeit vom Alter der Bienen

Abbildung 26 a und b gibt einen Überblick auf die Häufigkeit der Blütenbesuche der Honigbienen im Laufe der Blütezeit der Erdbeerpflanzen. In 4 von allen 5 Untersuchungstagen wurden an den Blüten der Erdbeeren von 6 Pflanzen mehr Bienen von den Völkern der Gruppe F, die mit Flugbienen eingestellt sind, beobachtet als bei den beiden anderen Gruppen die mit Jungbienen eingewandert worden sind. Im Mittel besuchten während 10 Minuten 9 (SD = 4; n=15) Bienen der Gruppe F die Erdbeerblüten in 1 m^2 (115 Blüten). 6 (SD = 4) Bienen der Völker der Gruppe J und 7 ± 4 Bienen der Gruppe J3 besuchten die Blüten in 1 m^2 (112 bzw. 113 Blüten) in 10 Minuten. Am 03. 05. und am 10. 05. 2006 lag die Anzahl der Bienen der Völker mit alten Flugbienen, die die Erdbeerblüten (zu dieser Zeit 112 bzw. 147) besuchten, bei 11 bzw. 5 nachweisbar höher als die der Gruppen J und J3. Am 08. 05.2006 zeigten die Bienen der Gruppe F geringe Flugaktivität, was zu geringe Blütenbesuche führte.

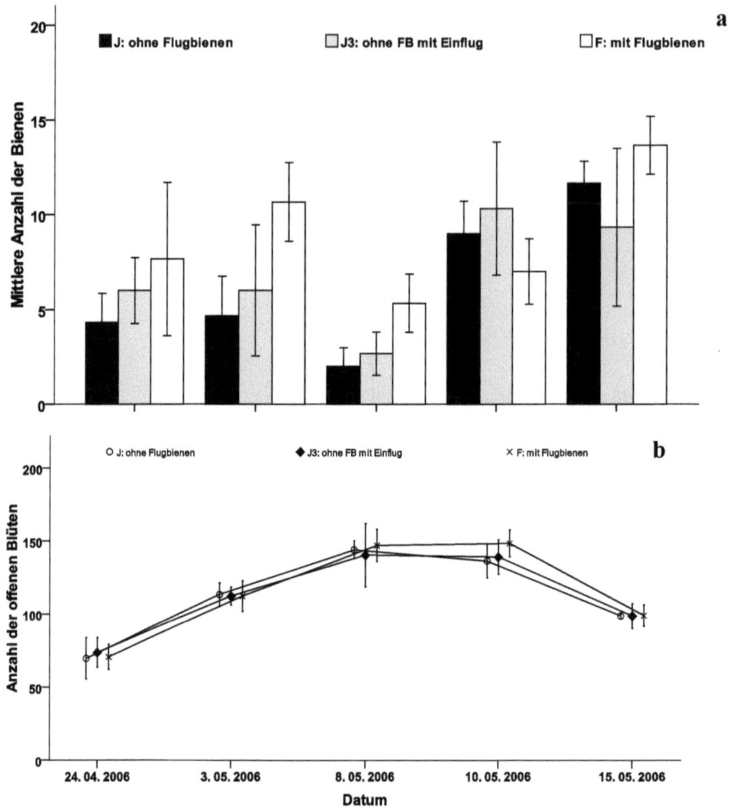

Abbildung 26: a) Anzahl der Bienen, die Blüten in 1 m^2 während 10 Minuten besuchen. b) Anzahl der offenen Erdbeerblüten zurzeit des Erfassens der Blütenbesuche in 1 m^2.

Zu Beginn der zweiten Phase, nach dem alle Völker gegen neue ausgetauscht waren, wiesen die Völker der Gruppe J3, die ohne Flugbienen und 3 Tage früher eingestellt worden sind, höhere Sammelaktivität als die der Gruppe J, die ebenso ohne Flugbienen eingewandert sind.

Am 15. 05. 2006 ging die Anzahl der offenen Erdbeerblüten zurück (99 Blüten/m^2). Daher wurde bei allen Varianten mehr als vorher Blütenbesuche per qm beobachtet.

Beim Vergleich des Sammelverhaltens von den Völkern mit Jung- und Altbienen zeigten sich Unterschiede. Der Anteil Pollensammlerinnen an der Gesamtzahl der Sammlerinnen lag bei den Völkern mit alten Bienen bei ca. 19 %. Bei den Völkern mit Jungbienen konnte ca. 14,6 % der Sammlerinnen als Pollensammlerinnen beobachtet werden.

Tabelle 8: Sammelverhalten der Bienen bei Blütenbesuche.

	Was sammelt die Biene?							
	Pollen		Nektar		beides		Gesamt	
	Anzahl	(%)	Anzahl	(%)	Anzahl	(%)	Anzahl	(%)
Junge Bienen	29	14,6	151	76,3	18	9,1	198	100
Alte Bienen	25	18,8	93	69,9	15	11,3	133	100
Gesamt	54	16,3	244	73,7	33	10,0	331	100

Zur Gewährleistung der Bestäubungsleistung müssen die Pollenkörner auf dem Bienenkörper getragen werden. Vor ihren Besuch wurde beobachtet ob Pollen auf dem Körper der Biene haftet. Die Ergebnisse zeigen dass es bei ca. 91 % der Pollensammlerin Pollen vorhanden war. Bei den Nektarsammlerinnen handelt sich um ca. 78 %. Obwohl die meisten Blütenbesucher Nektarsammlerinnen waren, konnte bei ca. 75 % von ihnen Pollen in ihren Körperhaaren nachgewiesen werden. Somit tragen fast alle Sammlerinnen zur Bestäubung von Erdbeerblüten bei (Abb. 27).

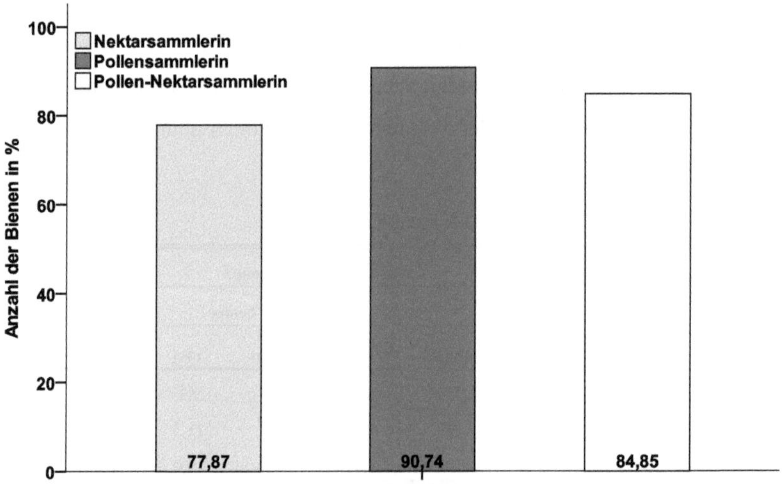

Abbildung 27: Häufigkeit von Sammlerinnen auf denen Pollen nachgewiesen wurde.

3.3.3 Sammelverhalten in Abhängigkeit von der Größe der Völker

Die Mittlere Anzahl Blütenbesuche an 15 Erdbeerblüten in 10 Minuten ist in Abb. 28 dargestellt. Mit 7,26(Min = 0, Max = 24, SD= 6,42) Blütenbesuchern wiesen die Völker der Gruppe 100V eine nachweisbar höhere Sammelaktivität als die Völker der Gruppe 30V mit 3,07 Besuchern/10 Minuten (Min = 0, Max = 25, SD = 5). Im Mittel besuchten 5,22 (Min = 0, Max = 16, SD = 5,42) Bienen der Völker der Gruppe 50V die Erdbeerblüten in 10 Minuten. Der Unterschied zwischen der Gruppe 100V und 30V ließ sich signifikant absichern (n= 27, $p < 0,05$, Z = -2,19, Mann-Whitney-U Test). Die Unterschiede zwischen der Gruppe 50V und den übrigen Gruppen 100V und 30V lassen sich statistisch nicht absichern.

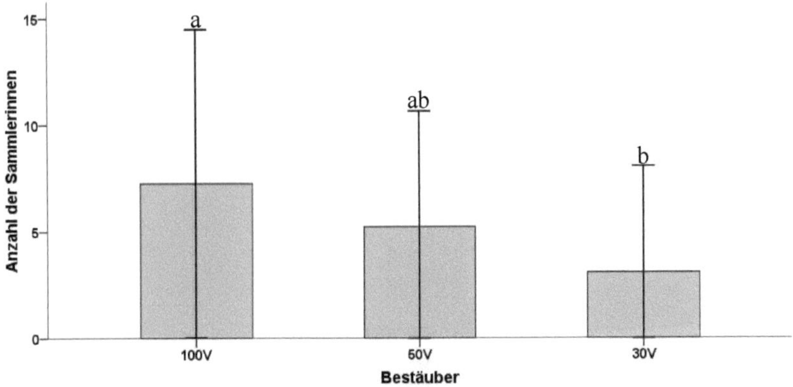

Abbildung 28: Anzahl der Bienen, die 15 Erdbeerblüten in 10 Minuten besuchen. Balken zeigen Mittelwert, Fehlerbalken.

Tabelle 9: Sammelverhalten der Blütenbesucher.

	Was sammelt die Biene?							
	sammelt Nektar		sammelt Pollen		sammelt beides		Gesamt	
	Anzahl	(%)	Anzahl	(%)	Anzahl	(%)	Anzahl	(%)
30V	43	51,8	22	26,5	18	21,7	83	100
50V	115	81,6	26	18,4	0	0	141	100
100V	124	63,3	47	24,0	25	12,8	196	100
Gesamt	282	67,1	95	22,6	43	10,2	420	100

Beim Erfassen der Blütenbesuche konnte einen Größen Teil der Bienen als Nektarsammlerin beobachtet werden. Ca. 67 % der Blütenbesucher waren Nektarsammlerin. 22,6 % der Bienen besuchten die die Erdbeerblüten um Pollen zu sammeln. Nur ein geringer Anteil der Bienen sammelten bei den beobachteten Erdbeerblüten Nektar und Pollen (Tab. 9).

Um herauszufinden, in wie weit die die Bienen bei der Blütenbesuche zur Bestäubung beitragen. Wurde untersucht ob es Pollen auf dem Körper der Biene gehaftet war. Die Ergebnisse zeigten, dass der Anteil der Bienen, auf deren Körper Pollenkörner vorhanden waren, zwischen 62 % (bei den Pollensammlerinnen) und 85 % (Nektarsammlerinnen) lag. Im Mittel trugen ca. 80 der Blütenbesuchender Bienen Pollen vor ihrem Besuch (siehe Abb. 29).

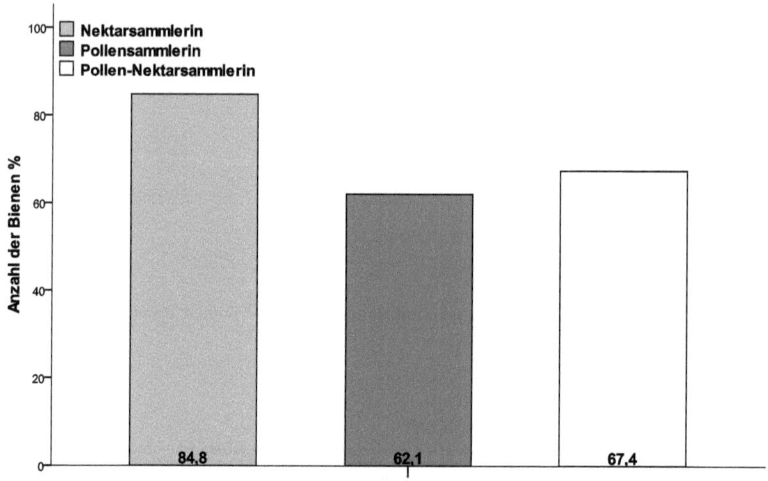

Abbildung 29: Anteil der Bienen, auf dessen Körper Pollenstaub vorhanden ist.

Mit zunehmender Entfernung vom Bienenvolk nimmt die Anzahl sammelnder Honigbienen nicht ab. Die Sammelaktivität der Bienen im vorderen, mittleren und im hinteren Abschnitt des Tunnels unterschied sich nicht signifikant. Ca. 35,5 % der Blütenbesuche fanden in der vorderen Seite des Tunnels statt, wo das Bienenvolk stand. Im mittleren Abschnitt des Folienhauses konnte ca. 30 % der Bienen beobachtet werden. Von den insgesamt 420 beobachteten Bienen besuchten 145 Bienen die Erdbeerblüten im hinteren Abschnitt des Zeltes (Tabelle 10).

Tabelle 10: Blütenbesuche der Bestäubungsvölker bezogen auf das Sammelort im Tunnel.

	Sammelort im Tunnel							
	Vorne		**Mitte**		**Ende**		**Gesamt**	
	Anzahl	**(%)**	**Anzahl**	**(%)**	**Anzahl**	**(%)**	**Anzahl**	**(%)**
30V	42	50,6	17	20,5	24	28,9	83	100
50V	44	31,2	42	29,8	55	39,0	141	100
100V	63	32,1	67	34,2	66	33,7	196	100
Gesamt	149	35,5	126	30,0	145	34,5	420	100

3.3.4 Bestäubungsleistung der Honigbienen

In Abbildung 30 sind die Erdbeererträge bei den unterschiedlichen Bestäuber-Gruppen dargestellt. Es zeigte sich, dass die Erdbeerpflanzen in den Tunneln, in denen Hummelvölker oder Honigbienen zur Bestäubung gestellt sind, annähernd gleiche Erträge erzielten. Sie lagen zwischen 2589 g je m^2 bei den Bestäuber-Gruppe J3 und 2680,8 g je m^2 in den Zelten mit Völkern der Gruppe J. bei den Völkern der Gruppe F, die mir Flugbienen eingestellt wurden, lagen die Erträge bei 2633 gr je m^2. In den Zelten, wo nur begrenzte Anzahlen von Bienen zur Bestäubung vorhanden waren, lagen die Erträge nachweisbar geringer als bei der übrigen Bestäuber(2399 gr/m^2). Die Erdbeerpflanzen im Kontrolltunnel, in dem keine Bestäuber zur Verfügung standen, wiesen mit 2272,7 g je m^2 die geringsten Erträge auf.

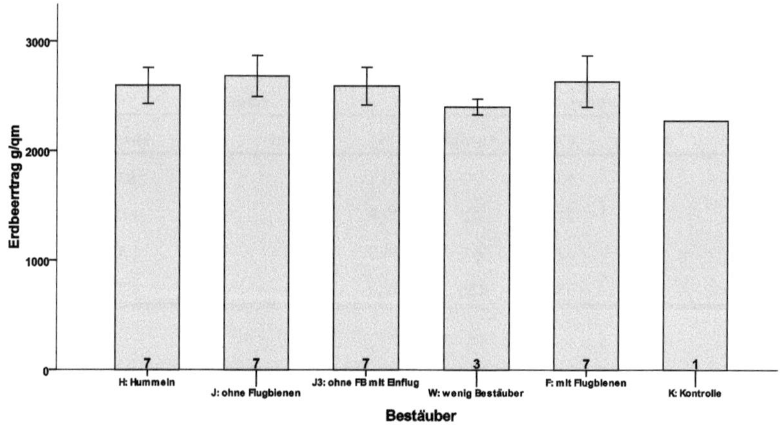

Abbildung 30: die Erdbeererträge in den Tunneln, in denen verschiedene Bestäuber zur Verfügung standen.

Tabelle 11: Aufteilung der Erdbeererträge in den Handelsklassen I und II.

	HKI		HKII		Gesamtertrag	
	g / m²	%	g / m²	%	g / m²	%
Hummeln	2138,8	82,5	455,2	17,5	2594,0	100
J: ohne Flugbienen	2151,6	80,3	529,2	19,7	2680,8	100
J3: ohne FB mit Einflug	2097,5	81,1	491,5	18,9	2589,0	100
wenig Bestäuber	1956,9	81,6	442,4	18,4	2399,4	100
F: mit Flugbienen	2172,5	82,5	461,2	17,5	2633,7	100
Kontrolle	1628,8	71,7	643,9	28,3	2272,7	100

Nach einer Aufteilung des Gesamtertrags in die Handelsklasse Eins und Zwei, zeigte sich die prozentuale Verteilung bei den Bestäuber-Gruppen und den Hummeln sowie in den Tunneln, in denen nur wenig Honigbienen zur Verfügung standen, annähernd gleich. Der Anteil der kleinen sowie die missgebildeten Früchten betrug 17,5 % bei den Völkern der Gruppe F, und 19,7 % in der Zone der Honigbienenvölker der Gruppe J). Im Zelt, wo keine Bestäuber vorhanden waren, lag der Anteil der Früchte der Handelsklasse Zwei bei 28,3 % (siehe Tabelle 11).

Kommerzielle Leistung eines Bienenvolks

In Tabelle 12 ist die kommerzielle Bestäubungsleistung eines Bienenvolks dargestellt. Als Beispiel wird ein Fall angenommen, bei dem 3 Völker mit Flugbienen (Gruppe F) in Folientunneln eingestellt wurden. Die Völker wurden nach 2 Wochen gegen neue ausgetauscht. Die Grundfläche dieser 6 Tunnels, betrug 3605 m^2. Der Ertrag an Erdbeeren auf dieser Fläche lag bei 9427 kg, davon waren 7792 kg Früchte der ersten Klasse. Ohne Bestäuber wäre der Ertrag nur 8194 kg (Ertrag ohne Bestäuber wäre– 2,273 kg/m^2, Tabelle 11). Somit konnte durch den Einsatz von 6 Völker ein Mehrwert von 2238 € erwirtschaftet worden, wobei der Gewinn pro Volk bei 373 € lag.

Tabelle 12: Kommerzielle Bestäubungsleistung eines Bienenvolks. Angenommen wird ein Preis von 148,85 € für 100 kg Erdbeeren der Klasse I und für Klasse II 90,18 € (ZMP, 2000 bis 2008).

	Mit Bestäuber	**Ohne Bestäuber**
Gesamtertrag Kg	9427	8194
Ertrag Klasse I kg	7792	5872
Ertrag Klasse II kg	1635	2322
Preis I €	11598	8741
Preis II €	1474	2094
Summe €	13072	10834
Bestäubungsleistung €	2238	
Bestäubungsleistung / Volk €	373	

3.4 Einflüsse auf die Honigerträge

3.4.1 Honigerträge in Abhängigkeit von der Dauer des Einsatzes

Einen Überblick über die Früh- und Sommertracht bei den Bestäubungsvölker sowie die Kontrollgruppe gibt die Abbildung. 31. Am 27.5.2004 lag der durchschnittliche Honigertrag bei den drei Völkern der Kontrollgruppe bei 12,83 kg (Min 10,8, Max 14,8 kg, n=3). Bei Völkern der Gruppe A betrug der Honigertrag 6,41 kg (Min 0, Max 14 kg, n= 12). Bei den Völkern der Gruppen B und C wurde kein Honig geerntet.

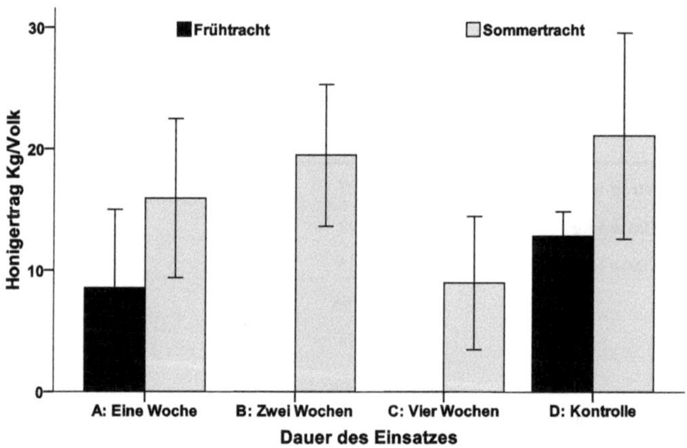

Abbildung 31: Honigerträge 2004.

Zwei Monate später, am 27.7.2004, wurden die Sommererträge bei allen Völkern ermittelt. Mit 33,9 kg / Volk wurden bei den Kontrollvölkern erwartungsgemäß die höchsten Honigerträge gemessen. Völker der Gruppe A konnten nur 72 % (24,47 kg/Volk) der Kontrollvölkererträge aufweisen. Völker der Gruppe B kamen in ihrem Honigertrag mit 19,48 kg/Volk nur auf ca. 58% Honigleistung. Die niedrigsten Honigerträge konnten bei den Völkern der Gruppe C mit 8,97 kg/Volk (27 %) beobachtet werden.

3.4.2 Honigerträge in Abhängigkeit vom Alter der Bienen

Die in Abb. 32 dargestellten Honigerträge geben einen Überblick über die zur Zeit der Honigernte produzierten Honigmengen bei den drei Kategorien der Bestäuber sowie die Kontrollgruppe. Dabei zeigte sich, dass die Kontrollvölker mit 33,17 ± 2,44 kg je Volk erwartungsgemäß die höchsten Honigerträge erzielt haben. Mit 20,16 Kg je Volk konnte bei den Völkern der Gruppe J3 die geringste Ernte ermittelt werden. Die Honigerträge der Völker der Gruppen J und F waren annähernd gleich (23,07 bzw. 22,62 kg je Volk). Der Unterschied zwischen den Kontrollgruppe und den übrigen Bestäubungsvölker lies sich signifikant absichern. Es zeigten sich zwischen den drei Bestäuber-Gruppen keine statistisch absicherbaren Unterschiede.

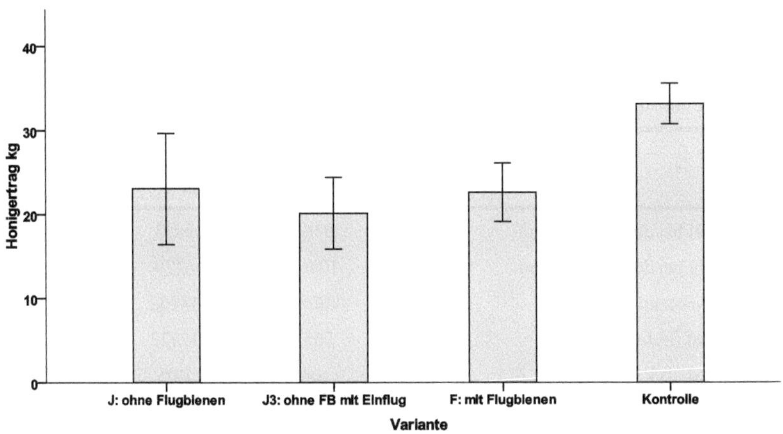

Abbildung 32: Honigerträge der Bestäubergruppen und die Kontrollvölker. Balken zeigen Mittelwert ± 1 SD. FB = Flugbienen.

3.5 Kosten des Einsatzes

3.5.1 Kosten des Verlustes von Bienen und Brut in Abhängigkeit von der Dauer des Einsatzes

Verlust an Bienen

Nach der Bestäubungsperiode hatten die Kontrollvölker 93% Bienen mehr als vor dem Einsatz. Die Anzahl der Bienen wurde bei der ersten Schätzung mit 1,93 multipliziert, somit konnte die erwartete Bienen Anzahl nach drei Wochen ermittelt werden. Aus der Differenz der erwarteten Anzahl der Bienen und aus der aktuellen Anzahl der Bienen nach dem Einsatz ließ sich der Bienenverlust errechnen.

Tabelle 13: Verlust an Bienen nach dem Einsatz der Bienen zur Bestäubung von Erdbeeren in Folientunneln. Ein künstlicher Schwarm entspricht ca. 12000 Bienen und kostet etwa 75 € (Papendieck, mündliche Mitteilung).

	Dauer des Einsatzes			
	A (Eine Woche)	B (Zwei Wochen)	C (Vier Wochen)	D (Kontrolle)
Bienenanzahl bei der 1. Schätzung	9079	9367	9833	9813
Bienenanzahl bei der 2. Schätzung	11563	10400	6229	18913
Erwartete Bienenanzahl	17498	18053	18952	18913
Bienenverlust (Individuen)	5935	7653	12722	0
Bienenverlust als k. Schwarm	,49	,64	1,06	0
Bienenverlust in Euro (€)	37,10	47,83	79,52	0

Wie aus der Tabelle 13 ersichtlich ist, lag bei den Völkern der Gruppe A der durchschnittliche Verlust an Bienen bei 5939 Bienen je Volk, das entspricht der Größe eines halben künstlichen Schwarms. Die Völker der Gruppe C verloren im Mittel 12722 Bienen (entspricht einem künstlichen Schwarm). Dabei lagen die Kosten für den Bienenverlust zwischen 37 € bei den Völkern, die eine Woche im Einsatz waren und 79 € bei der Gruppe C, deren Völker vier Wochen in den Folientunneln blieben.

Verlust an Bienenbrut

Aufgrund des Rückgangs der Honigvorräte in den Völkern in Folientunneln, stellten die Königinnen zeitweise die Eiablage ein, was zu einer schlechten Brutentwicklung führte. Es kam also nicht nur zum Verlust an Flugbienen, sondern auch zur Verzögerung der Entwicklung der Bienenvölker. Diese Verzögerung ließ sich anhand der Entwicklung der Kontrollvölker errechnen.

Die Schwächung der zur Bestäubung eingesetzten Völker im Vergleich zum Wachstum der Kontrollgruppe und die damit entstandenen Kosten sind in Tabelle 15 dargestellt. Es zeigte sich, dass die Völker der Gruppe C stark geschwächt waren. Nach drei Wochen Einsatz erreichten sie nur noch 22 % der gewünschten bzw. erwarteten Größe. Mit ca. 22290 - erwartet 49165 - Individuen waren die Völker der Gruppe B um ca. 45 % kleiner als die Kontrolle. Mit ca. 27 % Schwund an Bienen hatten die Völker der Gruppe A, die eine Woche im Einsatz waren, den geringsten Verlust. Durch den Rückgang der Volksentwicklungen entstandenen während des Bestäubungseinsatzes Kosten zwischen 41 € (bei den Völkern der Gruppe A) und 117 € (Gruppe C).

Tabelle 14: Kosten der Verzögerung der Entwicklung der Bestäubungsvölker. Der Verlust wurde anhand der Entwicklung der Kontrollvölker gerechnet. Der Preis eines Volks wurde mit 120 € angerechnet (Papendieck, mündliche Mitteilungen).

	Gesamtgröße der Völker nach dem Einsatz	*Erwartete Größe der Völker*	*Prozentuale Verlust der Völker*	*Kosten der Verlust in Euro (€) je Volk*
A (Eine Woche)	36163	49527	27 %	40,48 €
B (Zwei Wochen)	22290	49165	55 %	81,99 €
C (Vier Wochen)	11354	51347	78%	116,83 €
D (Kontrolle)	51303	51303	0	0,00 €

3.5.2 Kosten des Verlustes von Bienen und Brut im Abhängigkeit vom Alter der Bienen

Bienen

Einen Überblick auf den Verlust an adulten Bienen beim Einsatz von Honigbienenvölkern ohne und mit Flugbienen gibt Tabelle 15. Dabei zeigte sich, dass die Völker der Gruppe F, die mit Flugbienen eingestellt worden sind tendenziell den geringsten Verlust und die der Gruppe J3, die ohne Flugbienen und drei Tage länger als die beiden andren Gruppen im Einsatz waren, die höchste Verlust aufwiesen. Die Kosten des Bienenverlustes lag zwischen ca.54 € bei der Gruppe F und 68 € bei der Gruppe J3.

Tabelle 15: Kosten der Verlust an Flugbienen. FB =Flugbienen.

	Anzahl der Bienen/Volk		Erwartete		Verlust als	
	Vor dem Einsatz	Nach dem Einsatz	Anzahl der Bienen	Verlust an Bienen	künstliches Schwarm	Verlust an Bienen in Euro
J: ohne Flugbienen	11979	12719	22214	9495	0,79	59,35
J3: ohne FB mit Einflug	11333	10156	21016	10860	0,91	67,88
F: Mit Flugbienen	11350	12450	21048	8598	0,72	53,74
Kontrollvölker	10875	20167	20167	0	0	0

Brut

Wie aus der Tabelle 16 hervorgeht, hatten die Völker der drei Gruppen währen des Einsatzes unterschiedlich große Verlust an Bienen, offenen und verdeckelten Brut. Die Völker der Gruppe F, die mit Flugbienen in die Folientunnels eingestellt wurden, entwickelten sich zu ca. 87 % der erwarteten Gesamtgröße. Die Völker der Gruppe J3, die ohne Flugbienen mit drei Tage Einflugzeit eingewandert wurden, wiesen den höchsten Verlust auf. Sie erreichten nur 63 % der erwünschten Größe. Die Kosten der Verzögerung der Entwicklung der Bestäubungsvölker im Vergleich zur

Kontrollgruppe lagen bei der Gruppe J mit 34,3 € je Volk geringer als bei der Gruppe J3 (56,5 €) und höher als die der Gruppe F mit ca. 19,6 € je Volk.

Tabelle 16: Kosten der Verlust der gesamte Biomasse (Bienen, offene und verdeckelte Brut) pro Volk, FB = Flugbienen.

	Gesamtgröße				Kosten des
	Vor dem Einsatz	Nach dem Einsatz	Erwartete Gesamtgröße	Verlust an Gesamtgröße in %	Verlustes € pro Volk
J: ohne Flugbienen	29042	32706	42409	22,88	34,3
J3: ohne FB mit Einflug	24701	22482	36070	37,67	56,5
F: Mit Flugbienen	26766	33975	39086	13,08	19,6
Kontrollvölker	30282	44220	44220	,00	,0

3.5.3 Kosten des Verlustes von Bienen und Brut in Abhängigkeit von der Größe der Völker

Bienen

Zur Errechnung der Kosten des Verlustes an Bienen wurde die Entwicklung der Anzahl der Bienen bei den Bestäubungsvölkern mit den entsprechenden Kontrollvölker verglichen. Es Zeigte sich einen großen Unterschied in den entstandenen Kosten zwischen den drei unterschiedlich großen Gruppen.

Die Kosten des Verlusts an Bienen waren bei den Großen Völkern 100V am höchsten (59 € pro Volk). Die kleinen Völker der Gruppe 30V verloren viel weniger Flugbienen als die beiden anderen Gruppen, und somit war die Kosten des Verlustes an Bienen am geringsten (15 € je Volk) (Tab. 17).

Tabelle 17: Kosten des Verlustes an Bienen bei den Bestäubungsvölker, die unterschiedlich groß waren.

	Anzahl der Bienen/Volk		Erwartete Anzahl der Bienen	Verlust an Bienen	Verlust als künstliches Schwarm	Verlust an Bienen in Euro
	Vor dem Einsatz	Nach dem Einsatz				
100V	12271	5958	15338	9380	0,78	58,63
50V	8125	4313	9181	4868	0,41	30,43
30V	5750	3521	5980	2459	0,20	15,37
100K	13667	17021	17021	0	0	0
50K	9063	10208	10208	0	0	0
30K	5021	5208	5208	0	0	0

Brut

Die Kosten des Verlustes an der gesamten Biomasse bei den Honigbienenvölkern nach ihrer Größe sind in Tabelle 18 dargestellt. Der Unterschied zwischen den Kosten bei den drei Gruppen war gering. Mit 68 € je Volk wiesen die Größen Völker der Gruppe 100V die höchsten Kosten, gefolgt von der Gruppe 50V (64 €/Volk). Den geringsten Verlust zeigten die kleinen Völker der Gruppe 30V.

Tabelle 18: Kosten des Verlustes an der Gesamtgröße der Völker.

	Gesamtgröße		Erwartete Gesamtgröße	Verlust an Gesamtgröße in %	Kosten des Verlustes € pro Volk
	Vor dem Einsatz	Nach dem Einsatz			
100V	18144	11152	25946	57,02	68,42
50V	12840	7729	16564	53,34	64,00
30V	8688	6459	12163	46,90	56,28
100K	23507	33694	33694	0	0
50K	18629	23943	23943	0	0
30K	11513	16073	16073	0	0

3.5.4 Kosten des Honigverlustes durch Dauer des Einsatzes

Tabelle 19: Honigverlust bei den zur Bestäubung von Erdbeeren eingesetzten Völkern im Vergleich zu den Kontrollvölkern (= 100%). Dargestellt sind die Mittelwerte des Honigertrages der Gruppen im Frühjahr. Honigleistung wurde anhand des Honigertrages der Kontrollvölker gerechnet.

Dauer des Einsatzes	Honigleistung %	Differenz im Honigertrag in Kg	Verlust an Honig in Euro
Eine Woche	72,17	-9,43	-37,72
Zwei Wochen	57,46	-14,42	-57,68
Vier Wochen	26,45	-24,93	-99,72
Kontrolle	100	0	0

3.5.5 Kosten des Honigverlustes in Abhängigkeit vom Alter der Bienen

Die Kosten des Honigverlustes bei den drei Bestäuber-Gruppen sind in Tabelle 20 dargestellt. Der Honigverlust bei den Völkern der Gruppen J und F war annähernd gleich. Die Kosten des Verlust an Honigertrag lag bei der Gruppe J3, die länger als die andren Gruppen im Folientunneln verbracht hatten, bei 52 € pro Volk. Bei den Völkern der Gruppen J und F lag der Verlust um die 40 € pro Volk.

Tabelle 20: Honigleistung der Bestäubungsvölker im Vergleich zur Kontrolle sowie die Kosten des Verlustes an Honigerträge pro Volk, FB = Flugbienen.

	Honigertrag (Kg)	Honigleistung (%)	Honigverlust (Kg)	Honigverlustkosten (€)
J: ohne Flugbienen	23,07	69,55	10,10	40,4
J3: ohne FB mit Einflug	20,16	60,78	13,01	52,04
F: mit Flugbienen	22,62	68,19	10,55	42,2
Kontrolle	33,17	100	0	0

3.5.6 Betreuungskosten durch Dauer des Einsatzes

Die Betreuungskosten umfassen die Kosten für den An- und Abtransport der Völker vom Betrieb des Imkers zum Betrieb des Leistungsempfängers und zurück sowie die Fahrten, die der Imker zur Kontrolle der Völker in den Plantagen durchführen muss.

Als Beispiel wird ein Fall angenommen, bei dem eine Gruppe von 10 Völkern die 40 km transportieren werden müssen. Die Einsatzdauer in den Folientunneln beträgt vier Wochen.

Die Völker der Gruppe A müssten 4-Mal ein- und ausgewandert werden, und die der Gruppe B 2-Mal. Die Völker der Gruppe C, die vier Wochen eingesetzt werden, werden nur einmal an- und abtransportiert, mussten aber einmal kontrolliert werden.

Tabelle 21: Betreuungskosten der zur Bestäubung von Erdbeeren eingesetzten Honigbienenvölker; 10 Völker je Bestäuber-Variante: A 4x10, B 2x10 und C 10 Völker. Fahr- und Kontrollkosten gerechnet auf eine Strecke von 40 km, 0,5 € je gefahrene Kilometer. Kosten der Auffütterung: 4 Kg Apiinvert je Volk. 1 € je Kg. Kosten der Arbeitskräfte wurde mit 15 € je Stunde gerechnet.

	Fahrkosten	Kontrollkosten	Arbeitsstunden	Verfütterung	Gesamtkosten	Kosten €/Volk
A: Eine Woche	160	0	180	0	340	34
B: Zwei Wochen	80	0	90	0	170	17
C: Vier Wochen	40	40	90	40	170	17

Die Betreuungskosten sind in Tabelle 20 dargestellt. Wie aus der Tabelle ersichtlich ist, betrugen die Fahrkosten bei den Völkern der Gruppe A 4-fach soviel wie die der Gruppe C und doppel soviel wie bei der Gruppe B. Da die Völker der Gruppe C zugefüttert werden mussten, entstanden bei denen zusätzliche Kosten. Die günstigsten Betreuungskosten wurden bei den Völkern der Gruppe B, die nach zwei Wochen ausgetauscht wurden.

3.5.7 Betreuungskosten in Abhängigkeit vom Alter der Bienen

Beim Einsatz der Bienen mit und ohne Flugbienen entstehen zusätzliche Kosten (Arbeitsstunden) für die Vorbereitung der Fluglinge, ihre Pfleg und das wiedervereinigen das Muttervolk mit dem Flugling. Als Beispiel haben wir auch einen Fall angenommen, bei dem eine Gruppe 10 Völker, die 40 km transportiert erden müssen. Die Dauer des Einsatzes 2 Wochen.

Tabelle 22: Betreuungskosten der zur Bestäubung von Erdbeeren eingesetzten Honigbienenvölker; 10 Völker je Bestäuber-Variante: J ohne Flugbienen, J3 ebenso ohne Flugbienen mit drei Tage Einflugzeit und F 10 Völker. Fahr- und Kontrollkosten gerechnet auf eine Strecke von 40 km, 0,5 € je gefahrene Kilometer. Kosten der Arbeitskräfte wurde mit 15 € je Stunde gerechnet.

	Fahrkosten	Kontrollkosten	Arbeitsstunden	Gesamtkosten	Kosten €/Volk
J: ohne FB	80	0	390	470	47
J3: ohne FB mit Einflug	80	0	390	470	47
F: mit Flugbienen	80	0	90	170	17

Es Zeigte sich, dass der Einsatz der Honigbienenvölker ohne Flugbienen mit viel Zeitaufwand und hohen Betreuungskosten verknüpft.

4 Diskussion

4.1 Entwicklung der Völker

Die Ergebnisse zeigten, dass die Honigbienenvölker beim Einsatz zur Bestäubung von Erdbeeren unter Folientunneln viele Flugbienen verlieren. SABARA & WINSTON 2003 erhielten beim Einsatz von Honigbienen zur Bestäubung von Tomaten im Gewächshaus vergleichbare Ergebnisse. Außerdem stellen die Königinnen während des Einsatzes zeitweise die Eiablage ab, was zur Verzögerung der Eintwicklung der Völker führt. Es zeigte sich, dass das Ausmaß der Verluste an Honigbienen von der Einsatzvariante abhängt.

4.1.1 Dauer des Einsatzes

Je länger die Honigbienenvölker sich unter Folientunneln aufhalten müssen, umso höher ist der Verlust an Bienen. Die Völker, die nur eine Woche im Einsatz waren, hatten mit einem Schwund von 5935 Bienen den geringsten Verlust an Bienen (34%). Im Gegensatz dazu zeigten die Völker der Gruppe C, die 4 Wochen Einsatz in den Folientunneln hatten, den höchsten Verlust (12722 Bienen, 67 %). Wenn die Honigbienen für längere Zeit in den Folientunneln verbleiben, verfliegen sich jeden Tag viele Bienen und sterben, was im Laufe der Zeit zu höherem Verlust an Flugbienen führt. Die Kosten der Verlust an Bienen bei den eingesetzten Völkern der Gruppen A, B und C lagen bei 37, 24 und 20 € pro Volk und Woche (Tab. 12).

Das Gleiche gilt für die Bruttätigkeit der Königinnen. Der einwöchige Einsatz zeigte nur leichten negativen Einfluss auf die Eiablage der Königinnen. Die Königinnen legten 77% mehr Eier als vor dem Einsatz, dennoch blieb ihre Bruttätigkeit hinter der Kontrollvölker zurück (Abb. 10). Erst ab der zweiten Woche fing die Bruttätigkeit an zurückzugehen. Nach der ersten Woche des Einsatzes sind die Honigvorräte, die die Bienen vor dem Einsatz gesammelt haben, fast konsumiert, und der Verlust an Bienen ist noch gering. Im Laufe der Zeit sterben mehr Bienen, und die Reserven werden knapp. Unsere Ergebnisse stimmen auch in diesem Punkt mit den Resultaten von

SABARA & WINSTON (2003) weitgehend überein. Sie untersuchten die Populationsentwicklung der Honigbienenvölker bei der Bestäubung von Tomaten im Gewächshaus. Sie fanden heraus, dass die Anzahl der Brutzellen der untersuchten Völker nach zwei Wochen abnahm. AHN et. al (1989) berichteten über das Absterben des gesamten Honigbienenvolks nach seinem Einsatz in den Folientunneln.

Die Kosten, die durch die Verzögerung der Entwicklung der Völker der Gruppen A und B enstanden, lagen bei die ca 40 € pro Volk und Woche. Bei den Völkern der Gruppe C beliefen sich diese Kosten auf 29 € pro Volk und Woche.

Während des Einsatzes von Honigbienen in den Folientunneln verlieren die Völker natürlich auch an Gewicht. Die Ursache dafür ist offensichtlich der Verbrauch der Honigvorräte da an den Erdbeeren nur wenig Vorräte gesammelt werden können. Das kann zu der geringen Flugaktivität und zur kurzen Aktivitätsperiode der Bienen in den Folientunneln im Vergleich zum Freiland zurückführen.

Nach ihrem Einsatz erholten sich die Honigbienenvölker, die nur kurze Zeit in den Folientunneln eingestellt waren, zügiger und erreichten die gewünschte Größe schneller als diejenigen, die längere Zeit in den Folientunneln verbracht haben. Die Ursachen dafür sind: Die Kurzzeitvölker hattten geringeren Verlust an Flugbienen, minimale Verlangsamung der Entwicklung der Bruttätigkeit und geringfügigeren Verbrauch der Honigvorräte als die, die sich längere Zeit in den Folientunneln aufhalten mussten.

Da die Kosten des Einsatzes der Völker pro Volk und Woche am geringsten war, ist der vierwöchige Einsatz der Völker aus ökonomischen Gründen akzeptabel. Dennoch ist der Beitrag zur Bestäubung von Erdbeeren wegen des starken Rückgangs an Honigbienen und der geringeren Sammelaktivität der Bienen geringfügigen. Bei den Völkern der Gruppen A und B waren die Kosten des Verlustes an Bienen und an Brut pro Volk und Woche gleich hoch. Die Völker der Gruppe A erzielten aber höhere Honigerträge als die beiden anderen Varianten. Der Verlust an Honigertrag lag bei den Völkern der Gruppen A, B und C bei 38, 58 und 100 € pro Volk. Die optimale Einsatzdauer der Honigbienen zur Bestäubung in den Folientunneln ist demnach zwei Wochen. Bei dieser Dauer sind die Kosten des Einsatzes niedriger und die Anzahl der

Flugbienen relativ konstant. Beim Einsatz der Völker für eine Woche ist die Bestäubungsleistung nicht befriedigend, weil die Völker nur kurze Zeit zur Gewöhnung haben.

4.1.2 Größe der Völker

Es wurde festgestellt, dass sich die Größe der Völker auf die Höhe der Bienenverluste auswirkt: Die relativ großen Völker der Gruppe 100V hatten mit einem Schwund von 9830 Bienen (61 %) höhere Verluste an Bienen als die kleineren Völker (53% bei den Völkern der Gruppe 50V und nur 2459 Bienen (41%) bei der Gruppe 30V). Vermutlich verfliegt sich pro Volk ein bestimmter Prozentsatz der Sammlerinnen. Da die größeren Völker über mehr Sammlerinnen verfügen als die kleinen Völker verlieren sie jeden Tag mehr Flugbienen als die anderen beiden Gruppen. Die Kosten des Verlustes an Bienen betrugen bei der großen Völkern 59 € und bei den kleineren Völkern 15 €. Bei den mittelgroßen Völkern lagen die Kosten des Bienenverlustes bei 30 € pro Volk. (Tab. 16).

Außerdem zeigte sich, dass die Königinnen der Honigbienenvölker, die vor Ihrem Einsatz viele Brutzellen hatten, die Eiablage früher abstellten als die mit zu wenig Brut (Tab. 5). Das könnte so interpretiert werden: die Völker mit viel Brut brauchen mehr Nektar und Pollen als die mit wenig Brut, das könnte die Königin zwingen, die Eiablage früh abzustellen, damit die Futtermengen für die Nachkommen reichen. SABARA & WINSTON (2003) und PINZAUTI (1994) haben vergleichbare Ergebnisse erzielt.

Obwohl die Kosten des Einsatzes mittelmäßiger Völker höher sind als bei den kleinen Völkern, empfiehlt sich zur Bestäubung von Erdbeeren in den Folientunneln mittelstarke Völker einzustellen. denn die kleinen Völker haben nur wenig Flugbienen zur Verfügung, was zu schlechte Bestäubungsleistung führt. Aus ökonomischer Sicht sind die großen Völker zur Bestäubung in den Folientunneln nicht empfehlenswert.

4.1.3 Alter der Bienen

Die Untersuchungen von 2006 zeigten keinen Einfluss des Alters der Bienen auf den Bienenverlust. Sowohl die Völker, die ohne als auch die mit Flugbienen in den Folientunneln eingestellt worden sind, hatten gleich große Bienenverluste (Tab. 14). Des Weiteren wurde festgestellt, dass es zwischen Alt- und Jungbienen keinen Unterschied beim „trapping" gibt.

Es zeigte sich, dass die Königinnen der Völker, die ohne Flugbienen in den Folientunneln eingestellt wurden, früher die Eiablage abgestellten als die, die mit Flugbienen eingesetzt wurden. das könnte zum früheren Verbrauch der Honigvorräte bei den Völkern ohne Flugbienen zurückzuführen. Es wurde herausgefunden, dass eine Verweildauer im Folientunnel von mehr als 2 Wochen einen negativen Einfluss auf die Entwicklung der Völker hatte. Die höchsten Kosten der Bienenverluste wurde bei den Völkern der Gruppe J3, die ohne Flugbienen eingesetzt wurden und sich drei Tage länger als die beiden anderen Gruppen in den Folientunneln aufhalten mussten (57 € pro Volk) ermittelt. Die Völker der Gruppe F, die mit Flugbienen eingestellt wurden, wiesen die niedrigsten Kosten des Einsatzes (20 € pro Volk) auf (Tab. 15).

Der Einsatz von Bienenvölkern ohne Flugbienen ist mit hohem Zeitaufwand verbunden. Entsprechend hoch sind auch die Betreuungskosten. Zur Bestäubung von Erdbeeren in den Folientunneln ist der Einsatz der Völker mit Flugbienen optimal, weeil die Anzahl der Blütenbesucher konstant und die Betreuungskosten niedrig sind.

Die optimale Einsatzvariante ist, laut unserer Untersuchungen, das Einstellen mittelgroße Völker mit Flugbienen für zwei Wochen.

4.2 „Trapping" Effekt:

Es hat sich gezeigt, dass die Anzahl der Flugbienen, die nach dem Ende des Flugbetriebs am Dach des Tunnels hängen blieben, an der südöstlichen Seite des Tunnels geringer war als die im nordwestlichen Abschnitt des Folientunnels. Diese Ergebnisse können so interpretiert werden, dass gleich viele Bienen aus dem Volk in beide Richtungen fliegen. An der südöstlichen Seite, wo die Sonne für lange Zeit scheint, fliegt die Mehrheit der Sammlerinnen insbesondere zur Mittagszeit ans Dach, und nur eine geringere Anzahl besucht die Erdbeerblüten (persönliche Beobachtungen). Einige Bienen, die sich am Tunneldach gesammelt haben, fliegen ins Volk zurück und andere, die sich in den Ecken vom Tunnel sammelten, können nicht mehr zurückfliegen und verhungern dort. An der nordwestlichen Seite konnte ein umgekehrtes Verhalten beobachtet werden. Dort fliegen die meisten Sammlerinnen zu den Erdbeerblüten und nur ein geringer Anteil der Bienen wird „getrapped".

4.3 Flugaktivität und Sammelverhalten

Die Honigbienen beginnen die Sammelflüge in Folientunnel-Konditionen später als im Freiland, und wiesen in den Folientunneln geringere Flugaktivität auf als außerhalb der Folientunnel. Bei guten Bedingungen fliegen sie nur von ca. 10 bis ca. 17 Uhr während die Völker im Freiland bei gleicher Witterung von ca. 6 Uhr bis 19 Uhr flogen.

Beim Erfassen der Völkergröße wurde die Anzahl der ein- und ausfliegenden Bienen gezählt. Dabei fanden wir heraus, dass die Bienen im Freien 5-Mal aktiver sind als unter Folientunnel-konditionen. KAKUTANI et al. (1993) zeigten, dass die Stachellose Bienen *Trigona minangkabau* im Gewächshaus eine kürzere Flugzeitdauer als die im Freiland hat. Sie fanden heraus, dass die Stachellosen Bienen empfindlich gegen Veränderungen der Lichtverhältnisse waren, und die Honigbienen empfindlich gegen die Veränderung der Lufttemperaturen waren. Wir konnten beobachten, dass die Honigbienen in Folientunnel bei bewölktem oder leicht bedecktem Himmel keine Sammelflüge unternahmen, obwohl die Lufttemperatur optimal war.

Es wurden Unterschiede in der Sammelaktivität bezüglich des Sammelortes im Tunnel festgestellt. Beim Aufstellen der Völker mitten in den Zelten, die in Nordwest-Südostrichtung eingerichtet waren, konnte eine höhere Anzahl der Sammlerinnen im nordwestlichen Abschnitt als in der Gegenrichtung beobachtet werden. DAG & EISKOWICH (1995) zeigten, dass das Aufstellen der Honigbienenvölker im nördlichen Teil des Tunnels zu höherer Sammelaktivität als beim Aufstellen der Völker im südlichen Teil führte und die Aktivität der Bienen im nördlichen Abschnitt höher als im südlichen bei den beiden Varianten der Völkeraufstellung war. Der Grund für dieses Sammelverhalten könnte der „trapping“ Effekt sein. Beim Aufstellen des Honigbienenvolk in der südöstlichen oder der südlichen Seite des Tunnels, worauf die Sonne längere Zeit strahlt, fliegen die Bienen direkt in Richtung des Zeltdaches, dennoch fliegen sie nicht die Blüten an (persönliche Beobachtungen).

Der Anteil Pollensammlerinnen an der Gesamtzahl der Flugbienen lag in unseren Untersuchungen zwischen 16,3 % und 22,6 %. KAKUTANI et al. (1993) fanden heraus, dass nur 0,6 % der Honigbienen die Erdbeerblüten besuchten, um Pollen zu sammeln. Bei GOODMAN & OLDROYD waren es 20-30%. Diese Unterschiede können verschiedene Ursachen haben. Die eingesetzten Bienenvölker können sich im Pollenbedarf unterscheiden, der durch die Größe des Brutnestes gesteuert wird. Die Honigbienenvölker sammeln Pollen nur wenn die Pollenvorräte im Volk knapp sind (LINDAUER, 1952; CAMAZINE, 1993). Bei einem Sammelflug sammelt die Biene entweder Nektar oder Pollen (CAMAZINE, 1993). Unsere Untersuchungen zeigten, dass ein Teil der Flugbienen gleichzeitig als Pollen- und Nektarsammlerin fungierten. Laut LINDAUER (1952) kommt dieses Verhalten bei magerem Tracht vor.

Zwischen den Jung- und Altbienen konnten Unterschiede im Sammelverhalten ermittelt werden. Der Anteil der Pollensammlerinnen war bei den Völkern mit Altbienen höher als der mit zu vielen Jungbienen. Der Grund dafür kann nicht der Unterschied in Sammelerfahrung der Alt- und Jungbienen sein, weil die Arbeitsteilung bei den Sammelbienen nicht nach Altersstufen erfolgt. Die Wahl, ob eine Bienen Pollen, oder Nektar sammelt, richtet sich nach dem jeweiligen Bedürfnis im Volk (LINDAUER, 1952).

Wir haben herausgefunden, dass die meisten Pollen- und Nektarsammlerinnen auf ihrem Körper Pollenkörner trugen. GOODMAN & OLDROYD (1988) zeigten, dass bei 50 % der Nektarsammlerin Pollen auf dem Bienenkörper vorhanden war. Inwieweit ein höherer Anteil an Pollensammlerinnen die Bestäubungsrate der Erdbeerenblüten steigert, ist nicht geklärt. Allerdings vermutet FREE (1993; 1968), dass der Einfluss gering ist, da auch Nektarsammlerinnen die Staubgefäße berühren und so Pollen übertragen.

4.4 Bestäubungsleistung der Honigbienen

Zur Erzielung hoher Flächenerträge sind sowohl eine große Anzahl Früchte pro Einzelpflanze als auch eine Einzelfruchtmasse notwendig. Die Größe der Früchte ist entscheidend vom Erfolg der Befruchtung abhängig.

Der Einsatz von Honigbienen zur Bestäubung von Erdbeeren in Folientunneln führte zur Erhöhung des Ertrags um bis zu 18 %. MOELLER & KOVAL (1973) erhielten 21 % höheren Ertrag mit den Bienen. NYE & ANDERSON, (1974) zitiert durch FREE (1993) 20 %, (BAGNARA & VINCENT, 1988). HOFFMANN & HAUFE erzielten 44 % Ertragserhöhung mit den Bienen.

Beim Einsatz von Hummeln oder Honigbienen zur Bestäubung der Erdbeeren reduzierte sich der Anteil der kleinen und missgebildeten Früchte vom gesamten Ertrag auf ca. 17,5%, ohne Bestäuber war es ca. 28%. Die Angaben in anderen Arbeiten zum Anteil von missgebildeten Erdbeerfrüchten sind sehr unterschiedlich. ZAITOUN et al. (2006) erzielten beim Einsatz von Honigbienen eine Reduktion der missgebildeten Früchten auf 6 % mit Honigbienen, ohne Bestäuber war der Anteil der deformierten Erdbeeren 26,7%. MOORE (1969) erzielte beim Einsatz von Honigbienen 85 % marktfähige Erdbeerfrüchte 47,8%; während es ohne Bienen nur noch 42 % war.

Die Unterschiede in der Bestäubungseffizienz der Bestäuber können verschiedene Ursachen haben, z. B. Selbstkompatibilität der Erdbeersorte. Bei manchen Sorten ist die spontane Selbstbestäubung so effektiv, dass keine Bestäuber benützt werden. Bei den anderen ist die Selbstbestäubung nicht genug um gute Früchte zu erzielen (CHANG et al., 2001). Die Erdbeersorten mit hoher Nektarverfügbarkeit werden von den Bienen intensiver als die mit wenig Nektar beflogen (ABROL, 1992), was sich im Bestäubungsergebnis widerspiegelt. Manche Erdbeersorten produzieren mehr Pollen als andere und sind daher für die Bienen attraktiver (SKREBTSOVA, 1957).

4.5 Rentabilität eines Bestäubungsvolk

Zur Berechnung der Rentabilität eines zur Bestäubung eingesetzten Bienenvolks nehmen wir als Beispiel ein Volk mit Flugbienen. Die Dauer des Einsatzes ist 2 Wochen.

Tabelle 23: Vergleich der Rentabilität eines Bestäubungsvolks mit einem Honigbienenvolk, das zur Erzeugung von Honig gehalten wurde.

	Bestäubungsvolk €	**Honigvolk €**
Preis des Honigbienenvolks	-120	-120
Betreuungskosten	-8	
Preis des Volks nach dem Einsatz	98	150
Honigertrag	91	200
Bestäubungsleistung	373	0
Rentabilität	434	230

Unsere Untersuchung zeigte, dass der Gewinn von einem Honigbienenvolk, das zur Bestäubung von Erdbeeren eingestellt ist und danach wieder in den Betriebsablauf des Imkers integriert wurde, fast doppelt so hoch ist wie der Gewinn bei einem Honigvolk, das nur zur Erzeugung von Honig gehalten wurde. Die Bestäubungsleistung eines Bienenvolks in der Erdbeerplantage beträgt ca. 187 €. Der Bestäubungsimker bekommt aber vom Obstbauer als Bestäubungsprämien beim Einstellen der Völker in den Folientunneln nur 50 € pro Volk und Woche (Vereinigung der Bestäubungsimker in Deutschland e.V.). Das entspricht nicht der Bestäubungsleistung des Bienenvolks und deckt nicht die Betreuungskosten.

5 Literatur

Abrol, D. P. 1992. Energetics of nectar production in some strawberry cultivars as a predictor of floral choice by honeybees. *J. Biosci, Vol. 17 (1).* 1992, S. 41-44.

Ahn, S. B., I. S. Kim, W. S. Cho and K. M. Choi. 1989. Survey on the use of honeybee pollination of strawberries grown in plastic greenhouses. *Korean Journal of Apiculture, 4 (1).* 1989, S. 1-8.

Allen-Wardell, G, P. Bernhardt, R. Bitner, A Burquez, S. Buchmann, J. Cane, P. Allen Cox, V. Dalton, P. Feinsinger, M. Ingram, D. Inouye, C. E. Jones, K. Kennedy, P. Kevan, H. Koopowitz, R. Medellin, S. Medellin-Morales, G. Paul Nabhan, B. Pavlik, V. Tepedino, P. Torchio and S. Walker. 1998. The Potential Consequences of Pollinator Declines on the Conservation of Biodiversity and Stability of Food Crop Yields. *Conservation Biology, Vol. 12(1).* 1998, S. 8-17.

Archbold, D. and F. Dennis. 1984. Quantification of free ABA and free and conjugated IAA in strawberry achene and receptacle tissue during fruit development. *Journal of the American Society for Horticultural Science, Vol. 109 (3).* 1984, S. 330-335.

Asiko AG. 2004. *The effect of total visitation time and number of visits by pollinators (Plebeia sp. and Apis mellifera mellifera) on the strawberry.* The Netherlands : Utrecht University, 2004. M.Sc. Thesis.

Bagnara, D. and C. Vincent. 1988. The role of insect pollination and plant genotype in strawberry fruit set and fertility. *Journal of Horticultural Science Vol. 63 (1).* 1988, S. 69-75.

Bal, E. 1990. Ernteverspätung bei Erdbeeren. *Obstbau (2).* 1990, S. 50-56.

Biesmeijer, JC., SPM. Roberts, M. Reemer, R. Ohlemüller, M. Edwards, T. Peeters, A. P. Schaffers, SG. Potts, R. Kleukers, CD. Thomas, J. Settele, WE. Kunin. 2006. Parallel Declines in Pollinators and Insect-Pollinated Plants in Britain and the Netherlands . *Science Vol. 313 (5785)* . 2006, S. 351 - 354.

Bigey, J., BE. Vaissière, N. Morison, and J. Longuesserre. 2005. Improving Pollination of Early Strawberry Crops. *International Journal of Fruit Science.* Vol. 5(2) 2005, S. 17-24.

Bigey, J., B. Vaissière and N. Morison. 2002. Amélioration de la pollinisation. *Reussir Fruits et Légumes Vol. 203.* 2002, S. 76-78.

Blasse, W. and M. Haufe. 1989. Effect of honeybees on yield and fruit quality of strawberry (*Fragaria x ananassa* Duch.). *Archiv fur Gartenbau 37(4).* 1989, S. 235-245.

Boecking, O. and U. Kubersky. 2008. *Erschließung und Management adäquater Bestäuber zur Ertragsoptimierung und Qualitätssicherung im Erdbeer- und Kulturheidelbeeranbau.* s.l. : http://forschung.oekolandbau.de, BÖL-Bericht-ID 15124, 2008. Schlussbericht.

Camazine, S. 1993. The regulation of pollen foraging by honey bees: how foragers assess the colony's need for pollen. *Behav Ecol Sociobiol.* 1993, S. 265 272.

Carreck, N. L. and I.H. Williams. 2002. Food for insect pollinators on farmland: insect visits to flowers of annual seed mixtures. *Journal of Insect Conservation.* 2002, S. 13-23.

Carvell, C., W. R. Meek, R. F. Pywell and M. Nowakowski. 2004. The response of foraging bumblebees to successional change in newly created arable field margins . *Biological Conservation, Vol. 118(3).* 2004, S. 327-339.

Chagnon, M., J. Gingras and D. De Oliveira. 1993. Complementary Aspects of Strawberry Pollination ba Honey and Indigenous Bee (Hymenoptera). *J. Econ. Entomol. 86(2).* 1993, S. 416-420.

Chagnon, M., J. Gingras and D. De Oliveira. 1989. Effect of Honey Bee (Hymenoptera: Apidae) Visits on the Pollination Rate of Strawberries. *j. Econ. Entomol. 82(5).* 1989, S. 1350-1353.

Chang, Y. D., M. Y. Lee and Y.I. Mah. 2001. Pollination on Strawberry in the Vinyl House ba Apis melifera L. and A. cerana Fab. *Acta Hort. 561.* 2001, S. 257-262.

Chen, C. T. and F. K. Hsieh. 2001. Effect of honeybee pollination on the yield and fruit quality of strawberry variety 'Toyonoka' (Fragaria × ananassa Duch.). *Plant Protection Bulletin (Taipei), 43(2).* 2001, S. 117-127.

Connor, L. J. and E. C. Martin. 1973. Components of Pollination of Commercial Strawberries in Michigan. *Hortiscience, Vol. 8(4).* 1973, Vol. 8(4), S. 304-306.

Cox-Foster, D. L., S. Conlan, E. C. Holmes, G. Palacios, J. D. Evans, N. A. Moran, PL. Quan, T. Briese, M. Hornig, D. M. Geiser, V. Martinson, D. van Engelsdorp, A. L. Kalkstein, A. Drysdale, J. Hui, J. Zhai, L. Cui, S. K. Hutchison, JF. Simons, M. Egholm, J. S. Pettis and W. Ian Lipkin. 2007. A Metagenomic Survey of Microbes in Honey Bee Colony Collapse Disorder. *Science Vol. 318 (5848)* . 2007, S. 283-287.

Crane, E and P. Walker. 1984. *Pollination directory for world crops.* London : International Bee Research Association, 1984.

Crane, E. and P. Walker. 1983. *The Impact of pest management on bees and pollination.* London : Tropicla Development and Research Institute, 1983.

Crane, E. 1990. *Bees and Beekeeping.* Oxford : Heinemann, 1990.

Dag, A. and D. Eisikowitch. 1995. The influence of hive location on honeybee foraging activity and fruit set in melons grown in plastic greenhouses. *Apidologie, 26.* 1995, S. 511-519.

Dag, A., S. Dotan, and A. Abdul-Razek. 1994. Honeybee pollination of strawberry in greenhouses. *Hassadeh 74 (10) 92.* 1994, S. 1068-1070.

De Oliveira, D. , L. Savoie and C. Vincent. 1991. Pollinators of cultivated strawberry in Quebec. *Acta. hort.* 1991, S. 420-424.

Van den Eijnde, J. 1992. Die Bestäubung von Erdbeeren in Gewächshäusern durch Hummeln und Honigbienen. *Apidologie.* 1992, S. 342-344.

Fontaine, C., I. Dajoz, J. Meriguet and M. Loreau. 2006. Functional Diversity of Plant–Pollinator Interaction Webs Enhances the Persistence of Plant Communities. *PLoS Biology vol. 4(1).* 2006, S. 129-135.

Franke, W. 1992. *Nutzpflanzenkunde.* Stuttgart; New York : Thieme, 1992.

Free, J. B. 1968. The Foraging Behaviour of Honeybees (*Apis mellifera*) and Bumblebees (*Bombus Spp.*) on Blackcurrant (*Ribes nigrum*), Raspberry (*Rubus idaeus*) and Strawberry (*Fragaria x Ananassa*) Flowers. *The Journal of Applied Ecology, Vol. 5, No. 1.* 1968, S. 157-168 .

Free, JB. 1993. *Insect pollination of crops. 2nd ed.* London : Academic Press, 1993.

Frisch, K.v. 1965. *Tanzsprache und Orientierung der Bienen.* Berlin . Heidelberg : Springer-Verlag, 1965.

Fuchs, R. and M. Müller. 2004. Pollination problems in Styrian oil pumpkin plants: can bumblebees be an alternative to honeybees? *Phyton vol. 44 (1).* 2004, S. 155-165.

Gallaia, N., JM. Salles, J. Settele and BE. Vaissière. 2009. Economic valuation of the vulnerability of world agriculture confronted with pollinator decline. *Ecological Economics Vol. 68(3).* 2009, S. 810-821 .

Gerig, L. 1983. Lehrgang zur Erfassung Volksstärke. *Schweiz. Bienen-Zeitung 106 (4).* 1983, S. 1099-1204.

Given, N.K., M. A. Venis and D. Gierson. 1988. Hormonal regulation of ripening in the strawberry, a non-climacteric fruit. *Planta 174 (3).* 1988, S. 402-406.

Goka, K., K. Okabe, and M. Yoneda. 2006. Worldwide migration of parasitic mites as a result of bumblebee commercialization . *Population Ecology 48 (4).* 2006, S. 285-291.

Goka, K., K. Okabe, M. Yoneda and S. Niwa. 2001. Bumblebee commercialization will cause worldwide migration of parasitic mites. *Molecular Ecology 10 (8).* 2001, S. 2095 - 2099.

Goodman, R. D., and B. P. Oldroyd. 1988. Honeybee pollination of Strawberries (*Fragaria x ananassa* Duchesne). *Australian Journal of Experimental Agriculture, 28.* 1988, S. 435-438.

Goulson, D., W.O. H. Hughes and L. C. Derwent. 2002. Colony growth of the bumblebee, Bombus terrestris, in improved and conventional agricultural and suburban habitats. *Oecologia.* 2002, S. 267–273.

Greenleaf, S. S. and C. Kremen. 2006. Wild bees enhance honey bees' pollination of hybrid sunflower. *Proceedings of the National Academy of Sciences of the United States of America Vol. 103(37).* 2006, S. 13890-13895.

Hamm, A., J. Lorenz, D. Papendiek, O. Dekova, and M. Blanke. 2007. Honigbienen zur Bestäubung von verfrühten Süßkirschen im geschützten Anbau. *Erwerbs-Obstbau 49.* 2007, S. 85-92.

Hancock, J. F. 1999. *Strawberries.* Wallingford : CABI Publishing, 1999.

Havenith, C. 2000. Bestäubung durch Wildbienen - eine Option für den Obstbau. *Erwerbsgartenbau 42.* 2000, S. 44-50.

Heard, T. A. 1999. The role of stingless bees in crop pollination. *Annu. Rev. Entomol. 44.* 1999, pp. 183-206.

Hoffmann, S. and M. Haufe. 1995. Einfluss der Bestäubung durch Bienen of Ertrag und Fruchtqualität bei Erdbeere (Fragaria x ananassa Duch). *Erwerbsobstbau 37.* 1995, S. 141-144.

Houbaert, D., G. Borremans, W. Baets and F. J. Jacobs. 1992. Quality improvement of strawberries through optimal pollination. *Fruitteelt, 5(20).* 1992, S. 26-29.

Ings, TC., J. Schikora and L. Chittka. 2005. Bumblebees, humble pollinators or assiduous invaders? A population comparison of foraging performance in Bombus terrestris. *Oecologia 144.* 2005, S. 508–516.

Ings, TC., N. L. Ward, and L. Chittka. 2006. Can commercially imported bumble bees out-compete their native conspecifics? *Journal of Applied Ecology 43.* 2006, S. 940–948.

Jacons, F. J., D. Houbert und P.H. De Rycke. 1987. die Bestäubungstätigkeit der Honigbiene (Apis mellifera) auf verschiedenen Erdbeervarietäten (*Fragraria x ananassa* duch.). *Apidologie.* 1987, 18 (4), S. 345-348.

Kakutani, T., T. Inoui, T. Tezuka and Y. Maeta. 1993. Pollination of Strawberry by the stingless Bee, Trigona Minangkabau, and the honey bee Apis Mellefera: An expermental Study of fertilization efficiency. *Res. Popul. Ecol.* 35 1993, S. 95-111.

Katayama, E. 1987. Utilization of Honeybees as polinators for strawberries in plastic greenhouse. *Honeybee Science 8.* 1987, S. 147-150.

Kearns, CA., DW. Inouye and NM. Waser. 1998. Endangered mutualisms: The Conservation of Plant-Pollinator Interactions. *Annual Review of Ecology and Systematics Vol. 29.* 1998, S. 83-112.

Klein, AM. BE. Vaissière, JH. Cane, I. Steffan-Dewenter, SA. Cunningham, C. Kremen and T. Tscharntke. 2007. Importance of pollinators in changing landscapes for world crops . *Proc. R. Soc. B 274* . 2007, S. 303–313.

Kosior, A., W. Celary, P. Olejniczak, J. Fijal, W. Król, W. Solarz and P. Plonka. The decline of the bumble bees and cuckoo bees (Hymenoptera: Apidae: Bombini) of Western and Central Europe. *Oryx vol. 41 (1).* S. 79-88.

Kremen, C., N. M. Williams and R. W. Thorp. 2002. Crop pollination from native bees at risk from agricultural intensification. *Proceedings of the National Academy of Sciences of the United States of America vol. 99 (26).* 2002, S. 16812-16816.

Kremen, C., N. M. Williams, M. A. Aizen, B. Gemmill-Herren, G. LeBuhn, R. Minckley, L. Packer, S. G. Potts, T. Roulston, I. Steffan-Dewenter, D. P. Vazquez, R. Winfree, L. Adams, E E. Crone, S S. Greenleaf, T.H. Keitt, A.M. Klein, J. Regetz & T.H Ricketts. 2007. Pollination and other ecosystem services produced by mobile organisms: a conceptual framework for the effects of land-use change. *Ecology Letters, Vol. 10(4).* 2007, S. 299-314.

Leech, L., D.W. Simpson and A.B. Whitehouse. 2002. Effect of Temperature and Relative Humidity on Pollen Germination in Four Strawberry Cultivars. *Acta Hort. 567.* 2002, S. 261-263.

Lieberei, R., C. Reisdorff. 2007. *Nutzpflanzenkunde.* Stuttgart : Thieme, 2007.

Lieten, F. 1993. Fruit misshaping of strawberries: over-visiting. *Fruitteelt, 6(2).* 1993, S. 27-29.

Lieten, F. 1993. Methods and strategies of strawberry forcing in central Europe: historical perspectives and recent developments. *Acta Hort. 348.* 1993, S. 158-170.

Lindauer, M. 1952. Ein Beitrag zur Frage der Arbeitsteilung im Bienenstaat. *Z Vergl Physiol.* 1952, S. 299-345.

López-Medina, J., A.Palacio-Villegas and A. Vázquez-Ortiz. 2006. Misshaped Fruit in Strawberry, an Agronomic Evaluation. *Acta Hort. 708.* 2006, S. 77-78.

Maeta Y., T. Tezuka, H. Nadano and K. Suzuki. 1992. Utilization of the Brazilian stinglessbee, Nannotrigona testaceicornis, as a pollinator of strawberries. *Honeybee Sci. 13.* 1992, S. 71-78.

Malagodi-Braga, KS.and A. M. P. Kleinert. 2004. Could Tetragonisca angustula Latreille (Apinae, Meliponini) be effective as strawberry pollinator in greenhouses? *Australian Journal of Agricultural Research 55 (7).* 2004, S. 771-773.

Mänd, A., R. Mändb and I.H. Williams. 2002. Bumblebees in the agricultural landscape of Estonia. *Agriculture, Ecosystems and Environment vol. 89 (1-2).* 2002, S. 69–76.

McGregor, S. E. 1976. *Insect Pollination Of Cultivated Crop Plants.* s.l. : USDA, 1976.

Moeller, F. E. and C. F. Koval. 1973. *Honeybee pollination of strawberries in Wisconsin. Resource Report,.* s.l. : University of Wisconsin—Extension, 1973.

Moore, J. N. 1969. Insect Pollination of Strawberries. *J. Amer. Soc. Hort. Sci. 94(4).* 1969, S. 362-364.

Morandin, L. A., T. M. Laverty and P. G. Kevan. 2001. Bumble bee (Hymenoptera: Apidea) activity and pollination levels in commercial tomato greenhouses. *J. Econ. Entomol.* 2001, S. 462-467.

Morse, R. and N. W.Calderone. 2000. The value of honey bees as pollinators of U.S. Crops in 2000. *Bee Culture, 128.* 2000, S. 1-15.

Neumann, W-D. and D. Seipp. 1989. *Erdbeeren.* Stuttgart : Ulmer, 1989.

Nitsch, J. P. 1950. Growth and morphogenesis of the strawberry as related to auxin. *Am. J. Bot.37.* 1950, S. 629-639.

Nitsch, J. P. 1952. Plant Hormones in the Development of Fruits. *The Quarterly Review of Biology 27 (1).* 1952, S. 33-57.

Nye, W.P. and J. L. Anderson. 1974. Insect pollinators frequenting strawberry blossoms and the effect of honey bees on yield and fruit quality. *J. Amer. Soc. Hort. Sci. 99(1).* 1974, S. 40-44.

Paranjpe, A. V. and D. J. Cantliffe. 2003. winter strawberry production in greenhouses using soilless substrates: an alternative to methyl bromide soil fumigation. *Proc. Fla. State Hort. Soc.116.* 2003, S. 98-105.

Partap, U. 2000. Pollination of strawberry by the Asian hive bee, Apis cerana F. [Buchverf.] M., Verma, L., Wongsiri, S., Shrestha, K. and Partap, U. Matsuka. *Asian Bees and Beekeeping, Progress of Researchand Development. Proceeding of Fourth Apicultural Association International Conference, Kathmandu, March 23-28, 1998.* New Delhi. India : Oxford & IBH Publishing, 2000.

Paydas, S., S. Eti, O. Kaftanoglu, E. Yasa and K. Derin. 2000. Effects of pollination of Strawberries grown in plastic greenhouse by honeybees and bumblebees on the yield and quality of the fruits. *Acta Hort. 513.* 2000, S. 443-451.

Paydas, S., S. Eti, S. Sevinç, E. Yasa, K. Derin, N. Kaska and O. Kaftanoglu. 2000. Effects of different pollinators to the yield and quality of strawberries. *ISHS Acta Horticulturae 522.* 2000, S. 209-215.

Peitsch, D., A. Fietz , H. Hertel, J. de Souza, D. F. Ventura and R. Menzel. 1992. The spectral input systems of hymenopteran insects and their receptor-based colour vision . *J. Comp. Physiol. A 170.* 1992, S. 23-40.

Perkins-Veazie, P. 1995. Growth and ripening of strawberry fruit. *Hort. Rev, 17.* 1995, S. 267-297.

Pinzauti, M. 1994. Pollinator behaviour and activity in colonies of Apis mellifera in confined environments. *Ethology, Ecology & Evolution (Special Issue 3).* 1994, S. 101-106.

Pinzauti, M. 1992-93. Some observation on the Bio-Ethology, flight and foraging activity of Osmia cornuta Latr. (Hymenoptera: Megachilidae) during Strawberry pollination. *Apicultura, 8.* 1992-93, S. 7-15.

Pritsch, G. 2003. Hauptsache Bestäubung. *Deutsches Bienen Journal (5).* 2003, S. 4-5.

Ruijter, A. de. 1997. Commercial bumblebees rearing and its implications. *Acta Hort.* . 1997, S. 261-269.

Sabara, H. A., D. R. Gillespie, E. Elle, and M.L. Winston. 2004. Influence of Brood, Vent Screening, and Time of Year on Honey Bee (Hymenoptera: Apidae) pollination of Greenhouse Tomatoes. *J. Econ. Entomol. 97.* 2004, S. 727-734.

Sabara, H. A. and M. L. Winston. 2003. Managing Honey Bees (Hymenoptera: Apidae) for Greenhouse Tomato Pollination. *J. Econ. Entomol. 96.* 2003, S. 547-554.

Sakai, T. and M. Matsuka. 1988. Bee-pollination in Japan, with special reference to strawberry production. *Honeybee Science Vol. 9.* 1988, S. 97-101.

Sánchez, L. A., E. J. Slaa, M. Sandí and W. Salazar. 2001. Use of Stingless Bees for Commercial Pollination in Enclousers: a Promise for the Future. *Acta Hort. 561.* 2001, S. 219-223.

de Olivera D., L. Savoie and C. Vincent. 1991. Pollination of cultivated Strawberry in Quebec. *Acta Hort. 288.* 1991, S. 420-424.

Seeley, T. D., S. Camazine and J. Sneyd. 1991. Collective decision-making in honey bees: how colonies choose among nectar sources. *Behavioral Ecology and Sociobiology.* 1991, S. 277-290.

Seeley, TD. 1985. *Honeybee Ecology : A Study of Adaptation in Social Life.* Princeton, New Jersey : Princeton University Press, 1985.

Seely, T. D. 1997. *Honigbienen: Im Mikrokosmus des Bienenstocks.* Basel, Schweiz : Birkhäuser, 1997.

Skrebtsova, N. D. 1957. Role of bees in pollination of strawberries. *Pchelovodstvo 34.* 1957, S. 34-36.

Slaa, E. J., L. A. S. Chavez, K. S. Malagodi-Braga and F. E. Hofstede. 2006. Stingless bees in applied pollination: practice and perspectives. *Apidologie 37.* 2006, S. 293–315.

Southwick E. E.and S. L Buchmann. 1995. Effects of Horizon Landmarks on Homing Success in Honey Bees. *The American Naturalist, 146 (5).* 1995, S. 748-764.

Southwick, E. E. and L. Southwick. 1992. Estimating the Economic Value of Honey Bees (Hymenoptera: Apidae) as Agricultural Pollinators in the United States. *Journal of Economic Entomology, 85 (3).* 1992, S. 621-633.

Staudt, G. 1961. Die Entstehung und Geschichte der großfrüchtigen Gartenerdbeeren *Fragaria × ananassa* Duch. *TAG Theoretical and Applied Genetics 31(5).* 1961, S. 212-218.

Svensson, B. 1991. The importance of honeybee-pollination for the quality and quantity of strawberries *Fragaria × ananassa* in central Sweden. *Acta hort. 288.* 1991, S. 260-264.

Tafazoli, E. and D. Vince-Prue. 1979. Fruit Set and Growth in Strawberry, *Fragaria × ananassa* Duch. *Ann. Bot. 43,* . 1979, S. 125-134.

Vaissière, B., N. Morison, J. Bigey, B. Castang, J. Longuesserre and G. Cambon. 2000. Pollinating activity of bumble bees. *Réussir Fruits & Légumes, 182.* 2000, S. 60-63.

Van Doorn, A. 2006. Factors influencing the performance of bumblebee colonies in the greenhouse. [Buchverf.] A. Roldán Serrano, A. Mena Granero J.M. Guerra-Sanz. *Second short course on pollination of horticultural plants.* Spain : CIFA La Mojonera-La Cañada IFAPA, 2006, S. 173-183.

Van Heemert, C., C. Smeekens and A. De Ruuter. 1987. Bestäubung von Zucchini in Glashäusern durch Honigbienen. *Apidologie.* 1987, 18(4), S. 341-342.

Velthuis, HH. W. and A. Van Doorn. 2004. The breeding, commercialization and economic value of bumblebees. [Buchverf.] B. M. and J. O. P. Pereira Freitas. *Solitary Bees - Conservation, Rearing and Management for Pollination.* Brazil : Fortaleza - CE, 2004, S. 135-149.

Visscher, PK and TD. Seeley. 1982. Foraging Strategy of Honeybee Colonies in a Temperate Deciduous Forest. *Ecology, Vol. 63 (6).* 1982, S. 1790-1801 .

Widmer, A.,P. Schmid-Hempel, A. Estoup, and A. Scholl. 1998. Population genetic structure and colonization history of Bombus terrestris s.l. (Hymenoptera: Apidae) from the Canary Islands and Madeira. *Heredity 81.* 1998, S. 563–572.

Wilkaniec, Z. and B. Radajewska. 1997. olitary bee osmia rufa L. (Apoidea, Megachilidae) as pollinator of strawberry cultivated in an unheated plastic tunnel. *Acta Horti. 439.* 1997, S. 489-493.

Wilkaniec, Z. and M. Maciejewska. 1996. Utilization of honeybee (Apis mellifera L.) for the pollination of the greenhouse cultivated strawberry. *Pszczelnicze Zeszyty Naukowe, 40 (2).* 1996, S. 227-234.

Zaitoun, S. T., AA. Al_Ghzawi, H. K. Shannag and AR. M. Al-Tawaha. 2006. Comparative study on the pollination of strawberry ba bumble bees and honeybees under plastic house conditions in Jordan valley. *Journal of Food, Agriculture & Environment Vol. 4 (2).* 2006, S. 237-240.

Zebrowska, J. 1998. Influence of pollination on yield coponents in strawberry (Fragaria x ananassa Duch.). *Plant Breeding 117.* 1998, S. 255-260.